全国中等职业技术学校电工类专业一体化精品教材

视频监控与安防技术

人力资源和社会保障部教材办公室组织编写

中国劳动社会保障出版社

简介

本书是全国中等职业技术学校电工类专业一体化精品教材，主要内容包括访客对讲系统、停车场系统、防盗报警系统、视频监控系统。

本书由芦乙蓬编写。

图书在版编目(CIP)数据

视频监控与安防技术/人力资源和社会保障部教材办公室组织编写. —北京：中国劳动社会保障出版社，2012

全国中等职业技术学校电工类专业一体化精品教材

ISBN 978-7-5167-0069-3

Ⅰ.①视… Ⅱ.①人… Ⅲ.①视频系统-监视控制-中等专业学校-教材 Ⅳ.①TN94

中国版本图书馆 CIP 数据核字(2012)第 294994 号

中国劳动社会保障出版社出版发行

（北京市惠新东街1号 邮政编码：100029）

出版人：张梦欣

*

北京市艺辉印刷有限公司印刷装订 新华书店经销

787毫米×1092毫米 16开本 9.5印张 223千字

2012年12月第1版 2022年12月第10次印刷

定价：16.00元

营销中心电话：400-606-6496

出版社网址：http://www.class.com.cn

http://jg.class.com.cn

前　言

为了更好地适应全国中等职业技术学校电工类专业的教学要求，全面提升教学质量，人力资源和社会保障部教材办公室组织全国有关学校的一线教师和行业、企业专家，在充分调研企业生产和学校教学情况的基础上，研发、出版了全国中等职业技术学校电工类专业一体化精品教材。本套教材充分吸收国内外职业教育教学的先进理念，借鉴一体化教学改革的最新成果，在体系构建和内容设置上具有突出特点。

一是教材体系完整，为教和学提供有力支持。

从电工类专业教学实际需求出发，构建既有通用基础平台又有不同专业方向平台的完整的一体化教材体系。其中，通用基础平台的教材包括《电工基础》《电子技术基础》《电工电子基本技能》《电子小制作》；专业方向平台的教材包括《电机变压器设备安装与维护》《电气控制线路安装与检修》《PLC 基础与实训》《楼宇智能化技术》《电气运行》《视频监控与安防技术》《楼宇综合布线》《继电保护装置及二次回路》等，适用于电气自动化设备安装与维修、楼宇自动控制设备安装与维护、变配电设备运行与维护等专业方向的教学。

从“助教”和“助学”的角度构建部分课程对应的教学资源，结构如下：

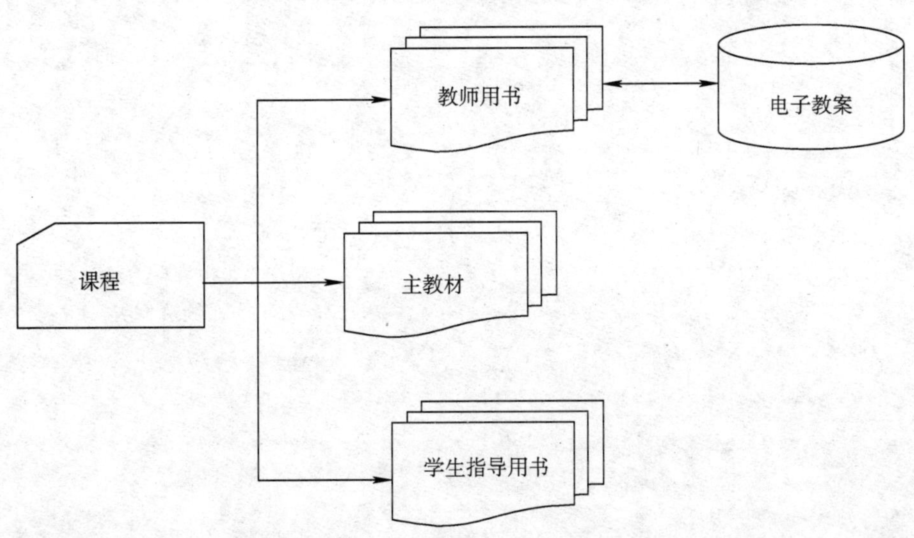

其中，主教材讲授各门课程的主要知识和技能，内容准确、针对性强，并通过课题的设置和栏目的设计，突出教学的互动性，启发学生自主学习。教师用书涵盖教材内容分析、教学过程建议、课堂活动设计等多个方面的内容，为教师提供全面的教学指导服务。在教师用书之后还附有教学用电子教案等多媒体教学素材光盘。学生指导用书除包含课后习题外，还设置了与教师用书配套的课堂活动设计内容，注重学生综合素质培养、知识面拓展和能力强化，成为贯穿学生整个学习过程的学习指导材料。

二是教材内容精良，为能力培养打造坚实平台。

在内容的选择和组织上，坚持以能力为本位，重视实践能力的培养。力求使教材内容涵盖《国家职业标准·维修电工》（中级）、《国家职业标准·智能楼宇管理师》（智能楼宇管理员）和《国家职业标准·变配电室值班电工》（中级）的知识和技能要求。结合一体化教学理念，以典型工作任务为载体，整合相应的知识和技能，实现理论与操作技能的统一，使学生在一个个贴近企业的具体职业情境中学习，既符合职业教育的基本规律，又有利于培养学生分析问题和解决问题的综合职业能力。

在内容的呈现方式上，尽可能使用图片、实物照片或表格等形式将各个知识点和操作过程生动地展示出来，力求给学生营造一个更加直观的认知环境。同时，设计了很多贴近生活的导入和小栏目，以期激发学生的学习兴趣。

本套教材的开发得到了河北、江苏、陕西、河南、广西、广东等省、自治区人力资源和社会保障厅及有关学校的大力支持，在此我们表示诚挚的谢意。

人力资源和社会保障部教材办公室

2012 年 12 月

目　录

模块一

访客对讲系统

访客对讲系统通常安装在普通多层住宅单元门口，又被称为对讲机—电锁门保安系统。在单元大门的入口处装有电控门锁，平时大门保持关闭状态，有客人来访时，客人必须按照被访人的楼层和单元号选择单元门口机对应的按键按下，装在被访人家中的对讲机铃响，主人通过与客人的对话来确定是否开门让客人进来。当主人核实并同意客人探访时，按下“开锁”键，电控锁打开；当来访者身份受到质疑或不受欢迎时，主人可以将其拒之门外，并按下“保安”键，通知管理中心。当主人要进入时，用钥匙、感应卡或输入密码等方式将电控门打开。访客对讲系统能给业主带来便利，还能起到安全、防盗的作用。

根据功能的不同，访客对讲系统主要分为非可视访客对讲系统和可视访客对讲系统两类。

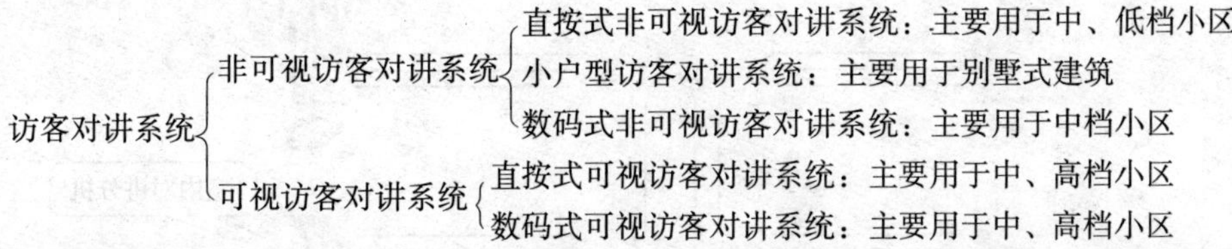

根据联网情况的不同，访客对讲系统可分为单机访客对讲系统和联网访客对讲系统。

访客对讲系统
- 单机访客对讲系统：主要用于低档小区
- 联网访客对讲系统
  - 小区联网访客对讲系统：将一个小区的所有访客对讲系统联网
  - 局域网访客对讲系统：将一座城市的所有访客对讲系统联网
  - 广域网访客对讲系统：将全国（省、地区）的访客对讲系统联网

课题一　非可视单机对讲系统

学习目标

1. 了解非可视单机对讲系统的组成，熟悉室内分机的结构及接线方式。
2. 了解非可视单元门口机的功能，熟悉非可视单元门口机的结构及接线方式。
3. 掌握系统故障的简单判断及处理方法。

非可视对讲系统只能实现对讲或开锁功能，不能像可视对讲系统那样可以看到客人的画

面，使主人能及时了解外面的情况。不过因为成本较低，在一般住宅小区中，非可视对讲系统，特别是非可视单机对讲系统，应用十分普遍。

一、非可视单机对讲系统的组成和接线

非可视单机对讲系统是访客对讲控制系统的一种基本类型，一般由单元门口机、非可视对讲分机、电控防盗安全门（包括电控锁、电磁锁、闭门器等）、电源箱、适配器等组成。非可视单机对讲系统一般包括直按式非可视单机对讲系统和数字式非可视单机对讲系统两大类，二者的主要区别在于单元门口机，直按式为楼内每个房间对应单元门口机上的一个按钮，直接按下即可呼叫对应房间，数字式则是通过单元门口机的键盘输入房间号发起呼叫。

1. 非可视单机对讲系统的组成

图 1—1 所示为由非可视单元门口机、非可视室内对讲分机、电控锁和电源箱等组成的非可视单机对讲系统的结构示意图，图中所示的单元门口机为直按式。其中，楼层分线器用于同一楼层所接的非可视室内对讲分机数量较多时，扩展用户端口，并起到保护和隔离作用。

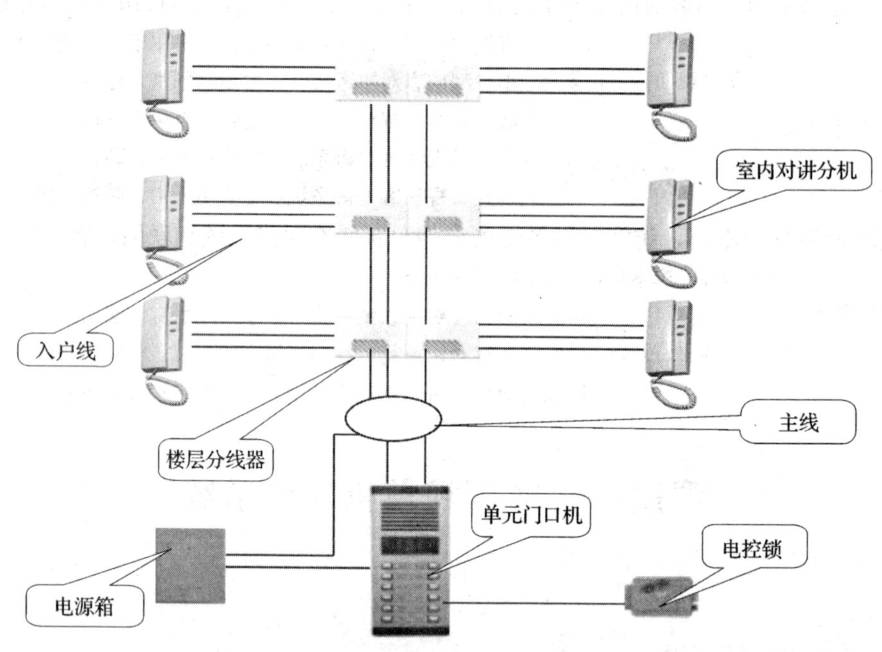

图 1—1　非可视单机对讲系统的结构图

（1）非可视单元门口机

单元门口机也称为门口主机、门口机或梯口机等，一般用于建筑物单元通道的大门口，访客可以通过它呼叫房间主人或与之通话，是整个单元住户都拥有的公共设备。非可视单元门口机分为数码式和直按式两种，如图 1—2 所示。其中，数码式单元门口机可以通过数码按键来编译需要呼叫的住户号码。部分单元门口机还有背光照明，以方便夜间操作。

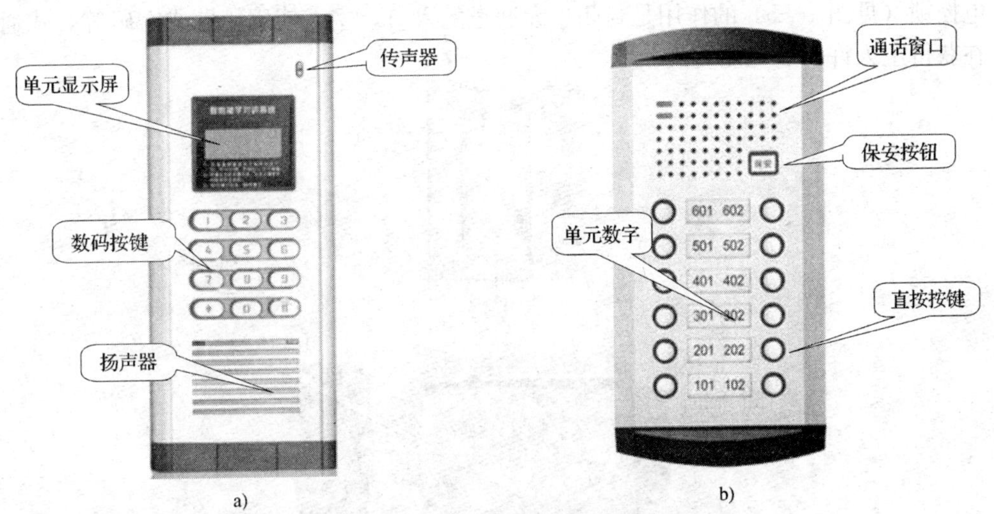

a)　　b)

图 1—2　非可视单元门口机

a）数码式单元门口机　b）直按式单元门口机

（2）非可视室内对讲分机

室内对讲分机也称为分机或室内机，一般安装在建筑物户内，是每个用户所独有的设备。非可视室内对讲分机（见图 1—3）主要有通话、开锁两个功能。室内对讲分机由传声器、语音放大器和振铃电路组成。

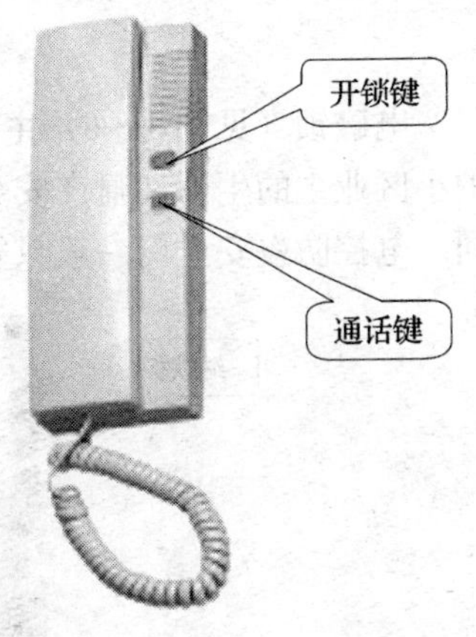

图 1—3　非可视室内对讲分机

（3）电控防盗安全门

电控防盗安全门一般安装在建筑物单元通道的入口处，主要由防盗安全门、闭门器、电控锁、电磁锁等组成。

防盗安全门主要用于封闭通道，闭门器、电控锁等设备安装在防盗安全门上。

闭门器的作用是使打开的防盗安全门自动弹回关闭，保证防盗安全门能始终处于关闭状态，防止外人侵入，图 1—4 所示为闭门器的安装位置和外形。

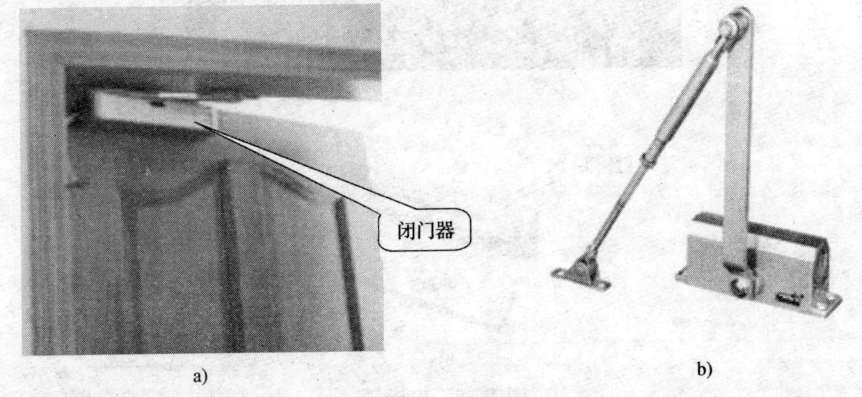

a)　　b)

图 1—4　闭门器

a）安装位置图　b）外形图

电控锁（见图 1—5）的作用是封闭单元通道的入口，主人使用钥匙或密码等方式通过，访客在获得主人许可后也能通过。

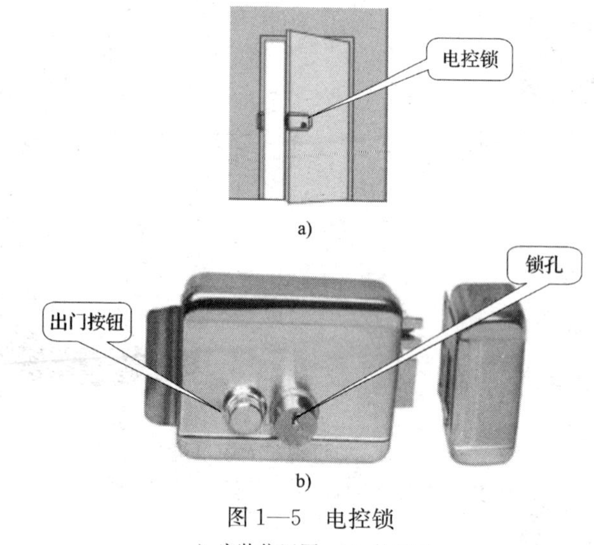

a)

b)

图 1—5　电控锁

a）安装位置图　b）外形图

电磁锁（见图 1—6）主要用于玻璃门、铁门上，使人们不能随便打开防盗安全门，保护小区业主的生命和财产安全。电磁锁和电控锁作用相同，但工作原理不同，安装位置也不同。电控防盗安全门一般只安装其中一种。

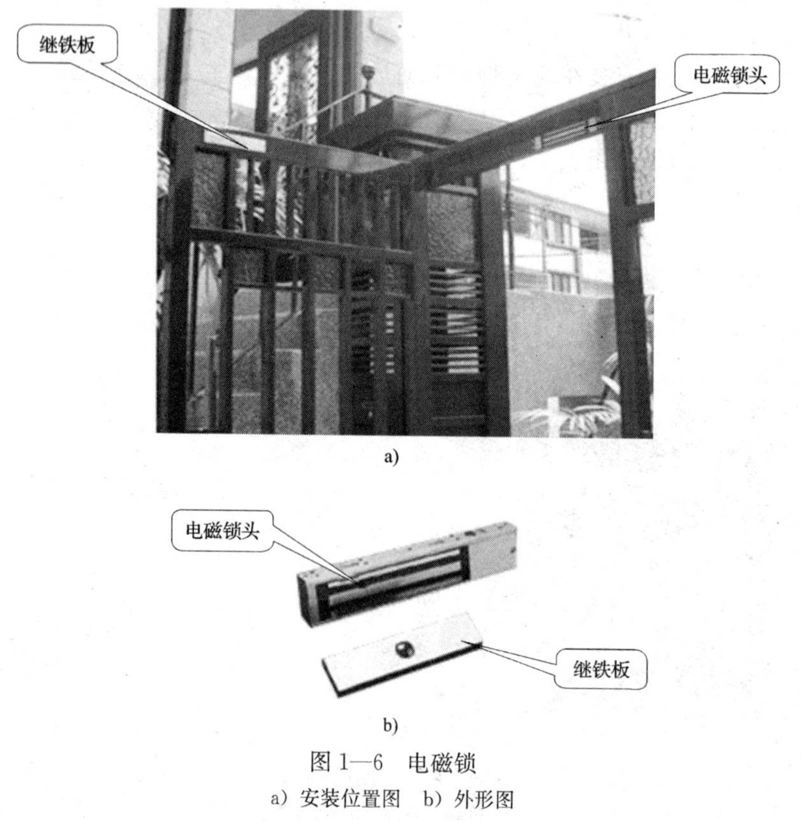

a)

b)

图 1—6　电磁锁

a）安装位置图　b）外形图

(4) 电源箱

电源箱（见图 1—7）是一种辅助设备，提供对讲系统各设备所需的电源（包括电控锁），并且具有各种保护措施和不间断电源，以保证在小区突然停电时，仍然能正常打开单元大门。

2. 非可视单机对讲系统的接线

非可视单机对讲系统中的导线与设备的连接主要利用如图 1—8 所示的接线端子来实现。接线时，按序号将对应的端子连接起来即可。为了方便识别和连接，通常不同的连线用不同的颜色区分开来。

图 1—7　电源箱

图 1—8　接线端子

不同厂家的产品的接线端子的位置和设置都不尽相同，但功能基本相同，现以广州安居宝生产的非可视单机对讲系统为例加以说明。

(1) 非可视单元门口机的接线端子

非可视单元门口机的接线端子如图 1—9 所示。

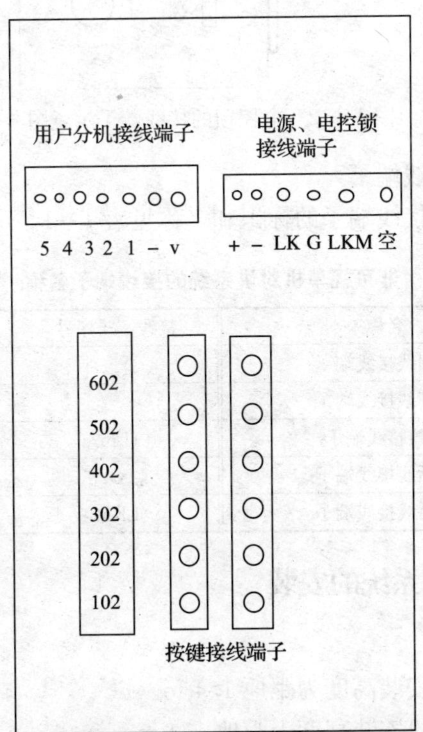

图 1—9　非可视单元门口机的接线端子示意图（后面）

(2) 非可视室内对讲分机的接线端子

非可视室内对讲分机的接线端子如图 1—10 所示。

(3) 电源箱的接线端子

电源箱的接线端子如图 1—11 所示。

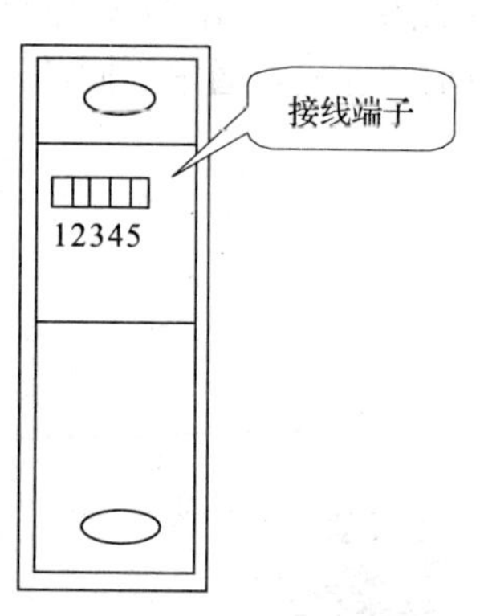

图 1—10 非可视室内对讲分机的接线端子示意图

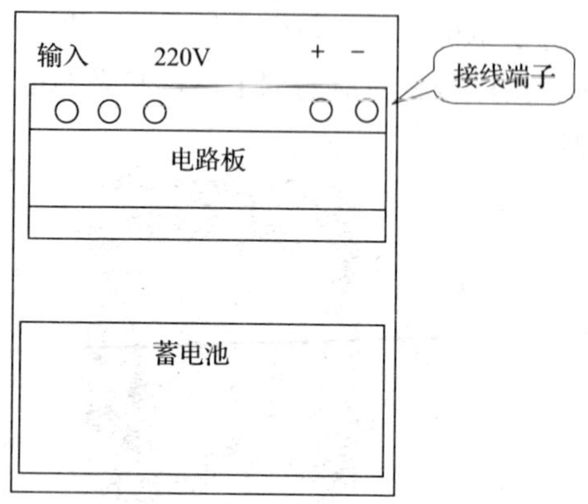

图 1—11 电源箱的接线端子示意图

(4) 电控锁与非可视单元门口机连线的接线端子

电控锁与非可视单元门口机连线的接线端子如图 1—12 所示。

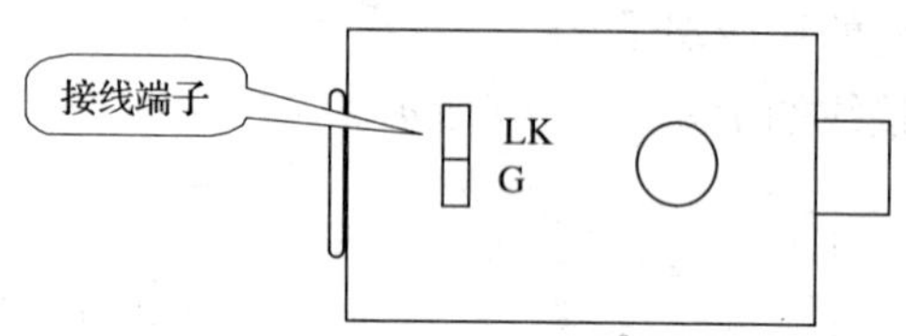

图 1—12 电控锁的接线端子示意图

(5) 单机对讲系统的接线端子

非可视单机对讲系统的接线端子的标识和名称见表 1—1。

表 1—1　非可视单机对讲系统的接线端子名称

接线端子序号	名称	接线端子序号	名称
1	呼叫线接线端子	+	电源正极接线端子
2	开锁线接线端子	−	电源负极接线端子
3	地线接线端子	LK	接电控锁正极接线端子
4	送话线接线端子	G	接电控（磁）锁地线接线端子
5	受话线接线端子	LKM	接电磁锁正极接线端子

二、非可视单机对讲系统的安装

1. 安装要求

(1) 非可视单元门口机安装高度为距地 1.4 m。

(2) 非可视室内对讲分机安装高度为距地 1.4 m。

(3) 线路采用预埋穿管的方法敷设。

2. 设备安装

非可视单机对讲系统设备的安装固定大部分较为简单，根据安装施工要求，按照相关操作说明操作即可，这里重点介绍非可视单元门口机预埋式安装的基本步骤。

（1）在门口墙上预留一个尺寸合适的方孔。如图 1—13 所示。

（2）用混凝土将预埋盒固定在墙上。如图 1—14 所示。

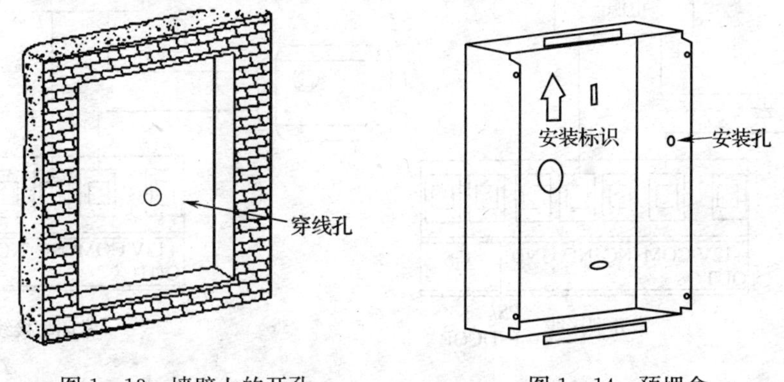

图 1—13　墙壁上的开孔　　　　图 1—14　预埋盒

（3）把传输线连接在接线端子和接线排上。

（4）将主机扣在预埋盒上，用螺钉通过安装孔固定，盖上主机的小方盖。

3. 设备连线

（1）直按式非可视单机对讲系统的连线

直按式非可视单机对讲系统的连线如图 1—15 所示。

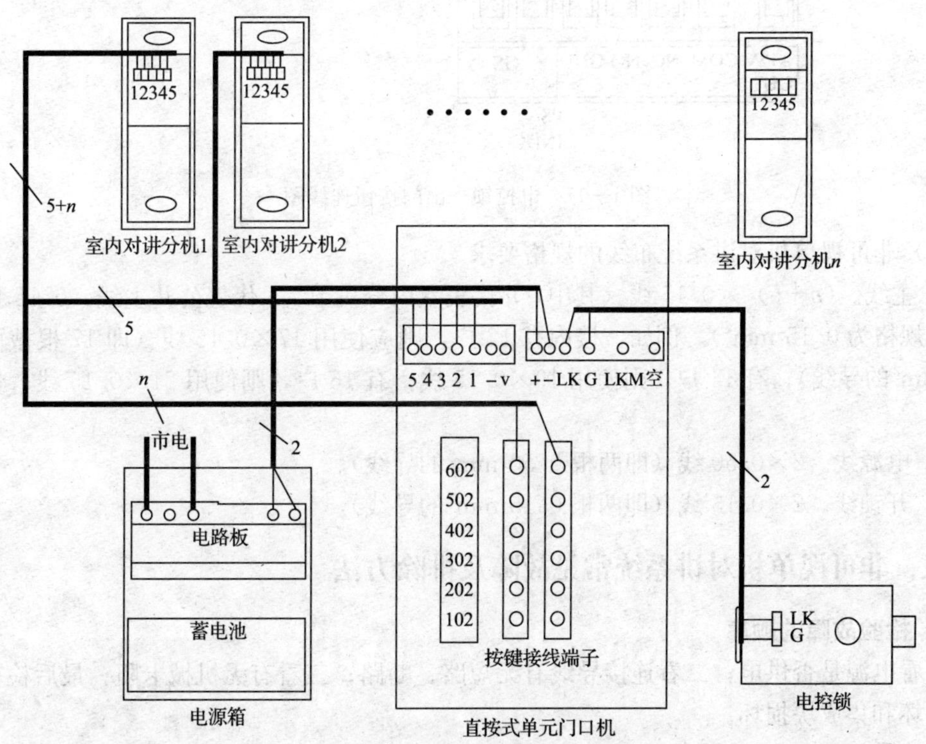

图 1—15　直按式非可视单机对讲系统连线示意图

(2) 电控锁的接线

电控锁可使用室内对讲分机开锁键或出门按钮开锁，因此应分别连接，如图 1—16、图 1—17 所示。

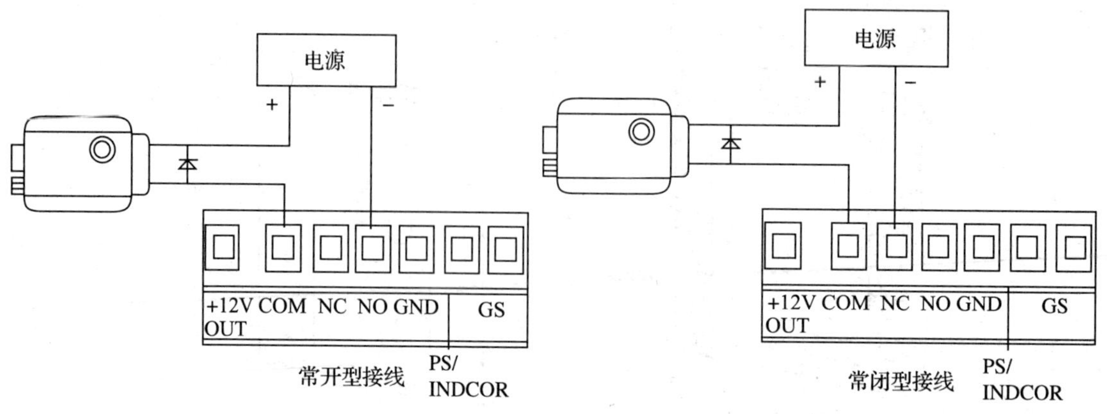

图 1—16　电控锁—电源连线图

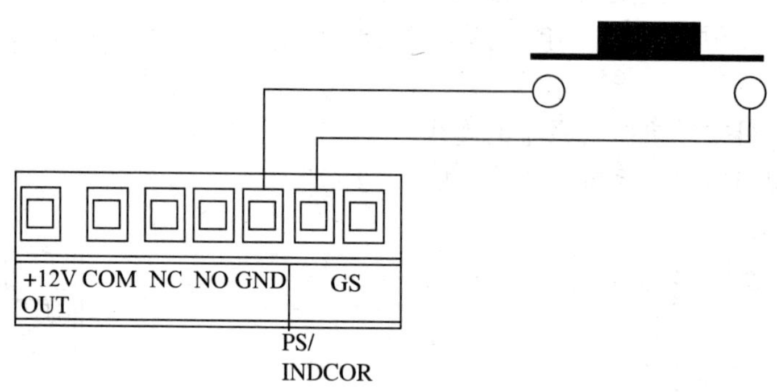

图 1—17　电控锁—出门按钮连线图

(3) 非可视单机对讲系统布线的规格要求

1) 主线。(n+5) ×0.15 线（其中，n 代表室内分机数，5 代表公共主线，0.15 指导线截面积规格为 0.15 mm²)。例如，楼内有 12 户，则应使用 17×0.15 线（即 17 根截面积为 0.15 mm²的导线)；有 14 户，则使用 19×0.15 线；有 16 户，则使用 21×0.15 线；依次类推。

2) 电源线。2×0.50 线（即两根 0.50 mm²的导线)。

3) 开锁线。2×0.15 线（即两根 0.15 mm²的导线)。

三、非可视单机对讲系统常见故障及排除方法

1. 检验故障的顺序

一看电源是否供电；二看连接导线有无短路、断路；三看有无机械卡阻；最后检查有无元件损坏和集成块损坏。

2. 常见故障及原因（见表 1—2）

表 1—2　　　　常见故障及原因

故障现象	故障原因	排除方法
开机指示灯不亮	分机连接插座松开或接错	检查插座是否有电压或是否插好
无法呼叫或不响应呼叫	（1）通信线未接好 （2）房间号未设置好	（1）接好通信线 （2）重新设置房间号
能够响应呼叫但通话时只能受话，只能送话或既不能受话也不能送话	传声器、受话器损坏或接触不良	（1）更换传声器、受话器 （2）修理连接件
不能正常挂机	插簧开关损坏	修复插簧开关
按键无作用	（1）按键损坏 （2）按键被顶死 （3）IC 损坏	（1）更换按键 （2）取出异物 （3）更换 IC

表 1—2 中，“受话”是指用室内对讲分机的受话器接收声音信号，“送话”是指用室内对讲分机的传声器发出声音信号。

楼宇对讲技术发展现状

楼宇对讲技术发展经历了四个阶段。

1. 第一代楼宇对讲系统［单机对讲系统（4n 型）］

最早的楼宇对讲产品功能单一，出现在 20 世纪 80 年代末期，该系统内各设备互不兼容、各自为政，不利于小区的统一管理，且功能相对较为单一。

2. 第二代楼宇对讲系统［单机可视对讲系统（总线型）］

该系统广泛地采用单片机技术的现场总线技术、小区的控制网络技术，对小区内各种分散的系统互联组网进行统一管理、协调运行，从而构成一个相对较大的区域系统。现场总线技术在小区中的应用，使对讲系统向前迈出了一大步。

3. 第三代楼宇对讲系统［多功能的可视对讲系统（局域网型）］

随着 Internet 的应用普及和计算机技术的迅猛发展，人们的工作、生活发生了巨大变化，数字化、智能化小区的概念已经被越来越多的人所接受，利用 Internet 网络传输数据，实现了远距离的传送，并可无限扩展，可提供网络增值服务（如可视电话、广告等功能，且费用低廉）。还可以将安防系统集成到设备中，提高设备的实用性。

4. 第四代楼宇对讲系统［自由自在的可视对讲系统（广域网型）］

截至 2005 年，使用广域网数字可视对讲系统的楼盘已经在全国范围内悄然出现，并且其系统稳定性、可运营性都十分卓越，这表明了数字可视对讲时代的来临。2004 年至 2005 年，市场上出现了数字可视对讲系统产品。广域网可视对讲系统是在 Internet 广域网的基础上构成的。数字可视室内对讲分机作为小区网络中的终端设备起到两个作用。一是利用数字室内机实现小区多方互通的可视对讲，二是通过小区以太网或互联网与网上任何地方的可视IP电话或PC之间实现通话。

技能训练

一、实训内容

1. 直按式非可视单机对讲系统的连线。
2. 水晶头的制作。
3. 非可视室内对讲分机的监听与开锁操作。
4. 数码式门口机的使用与操作。

二、实训器材

实训器材见表1—3。

表1—3　　直按式非可视单机对讲系统实训器材明细表

序号	名称	数量
1	直按式非可视门口机、非可视室内分机、电源箱、电控锁、连接导线、水晶头、网线等	5套
2	万用表、旋具（一字形、十字形）、剥线钳、压线钳	10套

三、实训步骤

1. 直按式非可视单机对讲系统的连线

安居宝系列直按式非可视单机对讲系统的连线如图1—15所示，操作中，按照序号对应连接起来即可。其中，电源线连接时一定要注意正、负极性，绝对不能接反。

2. 水晶头的制作

非可视室内对讲分机是用水晶头连接到直按式非可视单元门口机上的，因此，水晶头的制作是对讲系统的一项最基本的操作。

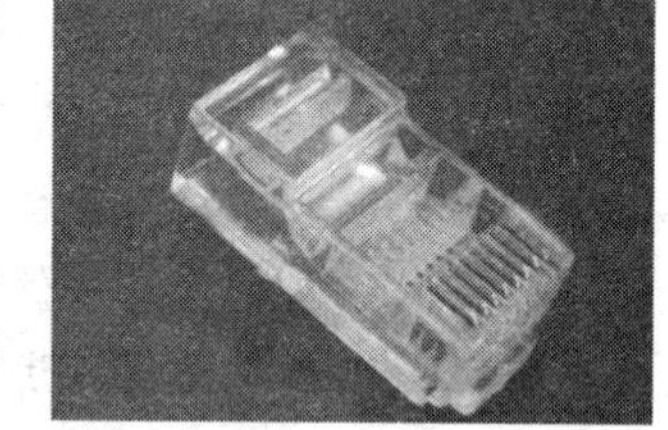

图1—18　水晶头

(1) 认识RJ45水晶头、网线和压线钳（见图1—18、图1—19、图1—20）

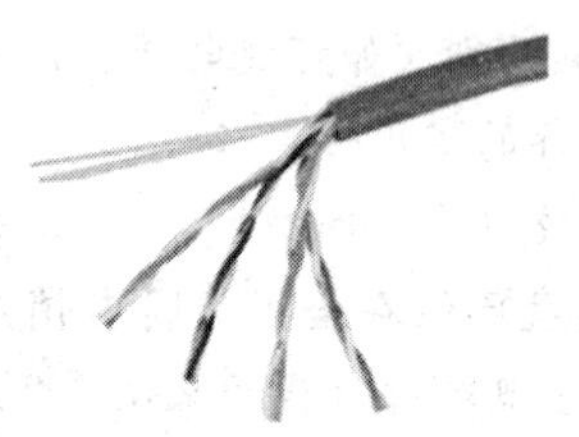

图1—19　网线

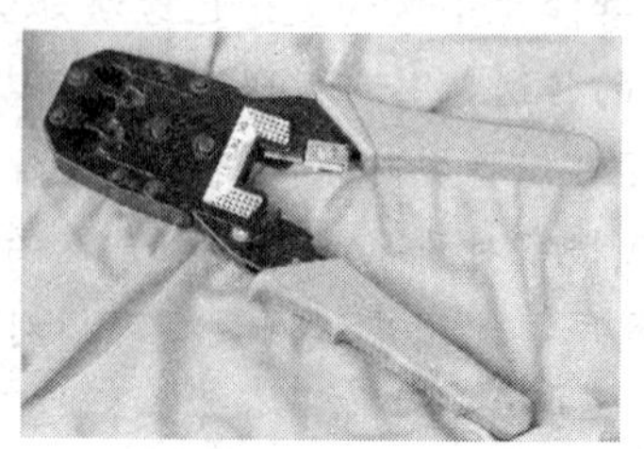

图1—20　压线钳

（2）水晶头的配置（见图 1—21）

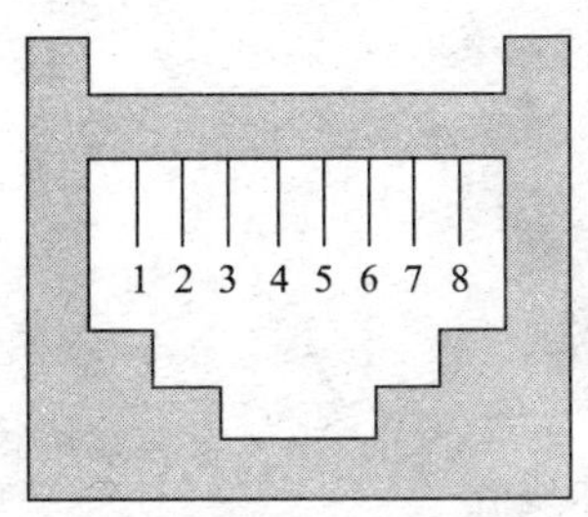

管脚号	1	2	3	4	5	6	7	8
颜色	橙白	橙	绿白	蓝	蓝白	绿	棕白	棕
丝印	LA	LB	VF−	AF+	AF−	VF+	GND/COM1	DC+/COM2

图 1—21　水晶头的配置

（3）水晶头的制作步骤

1）手持压线钳（有双刀刃的面靠内，单刀刃的面靠外），将一段网线从压线钳的双刀刃面伸到单刀刃面，并向内按下压线钳的两手柄，剥取一端双绞线，并剪齐，如图 1—22 所示。

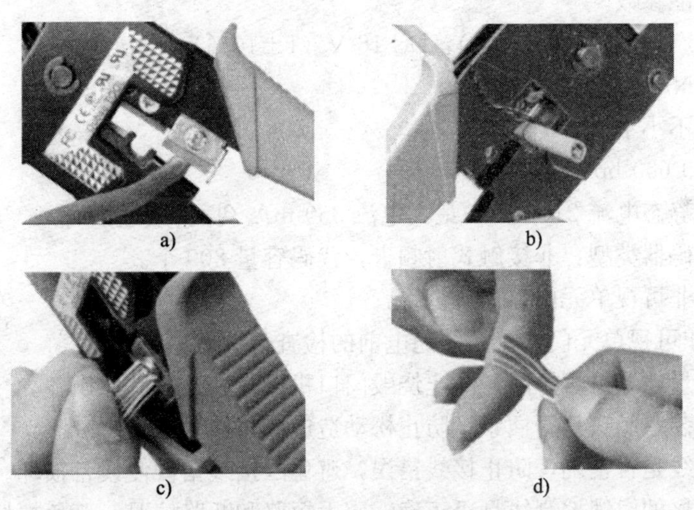

a）　　b）

c）　　d）

图 1—22　剥线

a）剥削护套层（剥线钳正面图）　b）剥削护套层（剥线钳背面图）

c）将线芯剪齐　d）整理线芯

2）取一个水晶头（带簧片的一端向下，铜片的一端向上），将网线按顺序完全插入水晶头的卡线槽，如图 1—23 所示。

3）将带线水晶头插入卡线槽 2P 插槽内，并用力向内按下压线钳的两手柄，如图 1—24 所示。

4）按下水晶头的簧片，取出做好的水晶头。

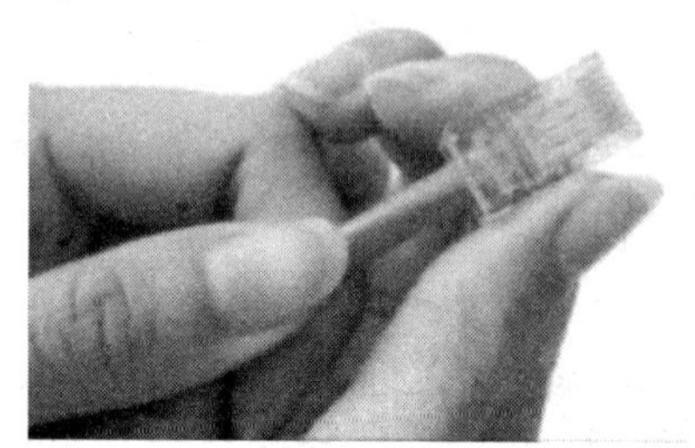
图 1—23　将网线插入卡线槽

图 1—24　固定卡线槽

3. 非可视室内分机的监听与开锁操作

（1）监听

待机状态下拿起话筒就可以监听门口机的动静，也可以和门口机通话。此时，红色灯亮。

（2）开锁

在与门口机通话时按下“开锁”键，执行开锁命令。

4. 数码式非可视单元门口机的使用

VID－FBSA 型数码式非可视单元门口机与直按式非可视单元门口机基本相同，只是按键的操作方式不同。

（1）主要性能参数

输入电压：DC 12 V（1±10%），DC 18 V（1±10%）。

通信方式：NHB 总线。

通信距离：不小于 1 200 m。

通信速率：9 600 bps。

功率消耗：静态电流 210 mA，最大电流 360 mA（振铃或通话时）。

使用身份代码器类型：非接触式射频卡，代码容量 800 个。

（2）数码式非可视单元门口机调试设置

1）数码式非可视单元门口机系统通电前的检查与调试

用万用表测量电源是否短路，防止烧毁门口机以及挂接的其他设备。

仔细检查安装水晶头是否插紧，防止松动造成接线接触不良。

仔细检查接线是否正确，防止接线错误，避免因接线错误使设备损坏。

仔细检查所接的门锁控制线是否正确，应无短路和断路情况，避免损坏设备。

2）数码式非可视单元门口机设置方法

配置门口机：将此门口机下的室内机的信息（包括楼层号、住户号）配置到门口机中，目的是使门口机按楼层号和户号能呼叫挂接的室内机，配置方法如下。

输入配置密码“9511＋‘#’”进入配置状态，屏幕显示“————”。

输入“01”表示要更改楼层号，接下来输入的两位就是楼层号，按#键确认，响一声表示输入有效，屏幕再次显示“————”，等待输入住户号。

再输入“02”表示要更改住户号，接下来输入的两位就是住户号，按#键确认，响一声表示配置完毕。

四、评分标准

内容	要求	配分	评分标准	扣分	得分
直按式非可视单机对讲系统的连线	正确连线	20	每错一处扣3分		
水晶头的制作	正确制作水晶头，符合工艺要求	30	每做错一步扣5分		
非可视室内分机的监听与开锁操作	正确操作	20	错误一步扣5分		
数码式非可视单元门口机的使用	正确调试和设置数码式非可视单元门口机	30	错误一步扣5分		

总分：__________

课题二　可视单机对讲系统

1. 熟悉可视室内对讲分机的安装方法与调试，学会可视室内分机的使用。
2. 会看可视对讲系统的系统原理图。
3. 会对可视单机对讲系统进行简单的维修。

可视单机对讲系统是在非可视单机对讲系统的基础上发展起来的，通过该系统户主既能听到来访者的声音，又能看到来访者的容貌。它比非可视单机对讲系统多了一套视频系统，即在单元门口机上安装了一个低照度的摄像机，在室内分机上安装了一个液晶显示屏，使户主能观察到访客周围的环境情况，从而决定是否打开防盗安全门，让访客进入。该系统结构简单，维护方便，但和非可视单机对讲系统一样，不能实现资源共享。

可视单机对讲系统与非可视单机对讲系统的主要区别在于单元门口机、室内对讲分机和视频解码器上。

一、可视单机对讲系统的组成

可视单机对讲系统由一台可视单元门口机和多台可视室内对讲分机组成，以实现户主与单元门口机的通话、控制，如图 1—25 所示。

组成可视单机对讲系统的设备大部分与上一课题所讲的非可视单机对讲系统相同，另外还有一些独有的设备。

1. 可视单元门口机

可视单元门口机有一低照度的摄像头，这使它不但具有对讲和密码开锁功能，还具有监

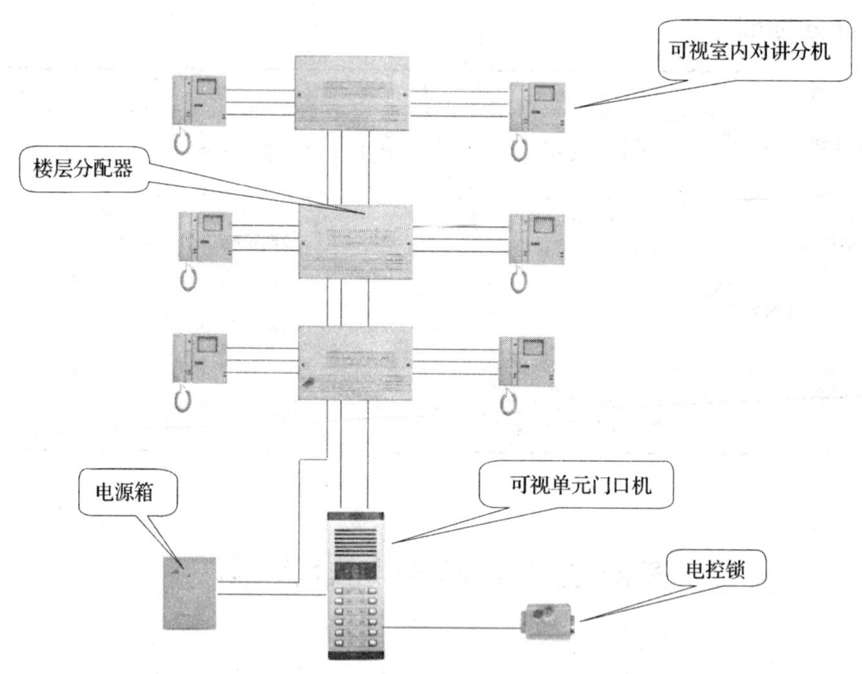

图 1—25　可视单机系统结构

视功能。它主要用于公共出入口、楼梯口和社区大门等位置，可以呼叫户主，也可以持卡或用密码开锁。

可视单元门口机分为直按式可视单元门口机（见图 1—26a）和数码式可视单元门口机（见图 1—26b）。

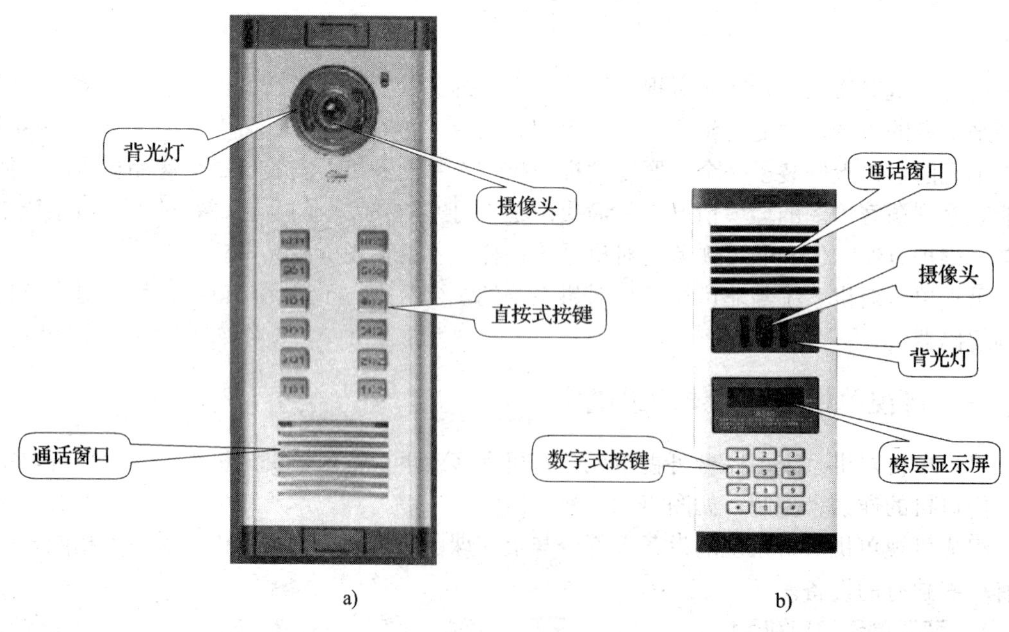

图 1—26　可视单元门口机

图 1—27、图 1—28 是可视单元门口机的摄像头和电路板部分，其中，图 1—27 所示门口机所成的图像是黑白的，图 1—28 所示门口机所成的图像是彩色的。

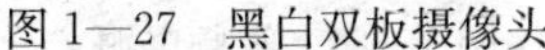

图 1—27　黑白双板摄像头　　　　图 1—28　彩色双板摄像头

2. 可视室内对讲分机

如图 1—29 所示，可视室内对讲分机具有监看、开门、对讲等功能。

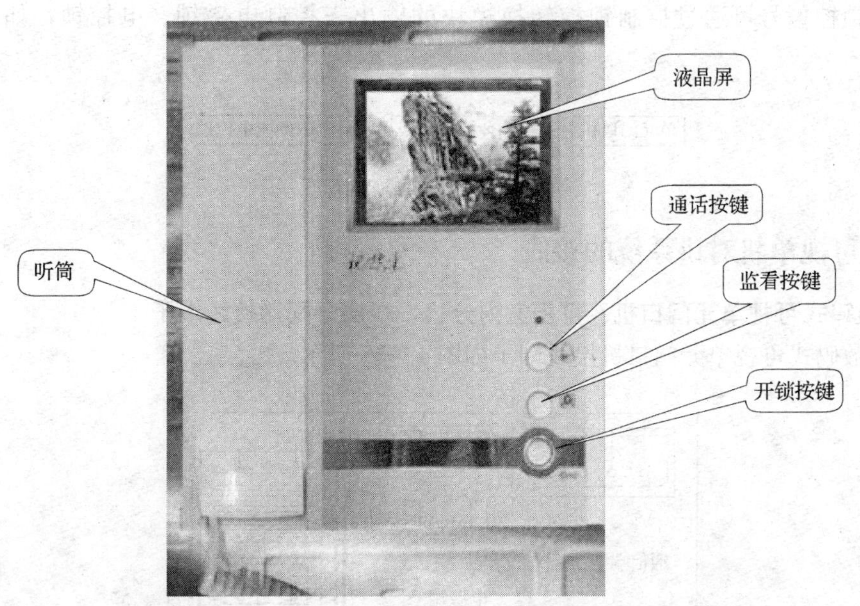

图 1—29　可视室内对讲分机

（1）监看

按下“监看按键”通过液晶显示屏观察楼门口的情况。

（2）开门

了解来访者身份后，按下“开锁按键”打开单元防盗门，让来访者进入。

（3）对讲

被叫时，摘下“听筒”可以和来访者通话；主动与来访者通话时，就可以按下“通话按键”要求通话。

3. 楼层分配器

楼层分配器的主要作用是保护和隔离，它提供一个主干接口和 4 路、8 路室内对讲分机接口（每个接口可以接一部室内对讲分机），能提供音频、视频的自动切换，总线信号的传输，有音视频、总线短路保护功能，如图 1—30 所示。

4. 视频电源（不间断电源）

视频电源可为室内对讲分机提供电源，每台可为 24 户提供电源，如图 1—31 所示。

图 1—30　楼层分配器

图 1—31　视频电源

5. 锁控转换模块

锁控转换模块是为解决单元门口机不能直接控制电磁锁、电控锁的问题而引入的，单元门口机锁控信号可通过控制锁控转换模块的输出来控制电磁锁、电控锁，如图 1—32 所示。

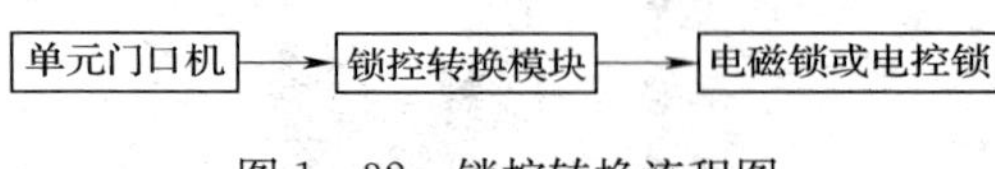

图 1—32　锁控转换流程图

二、可视单机对讲系统的接线

1. 数码式可视单元门口机、可视室内分机、楼层分配器接线端子

（1）数码式可视单元门口机接线端子如图 1—33 所示。

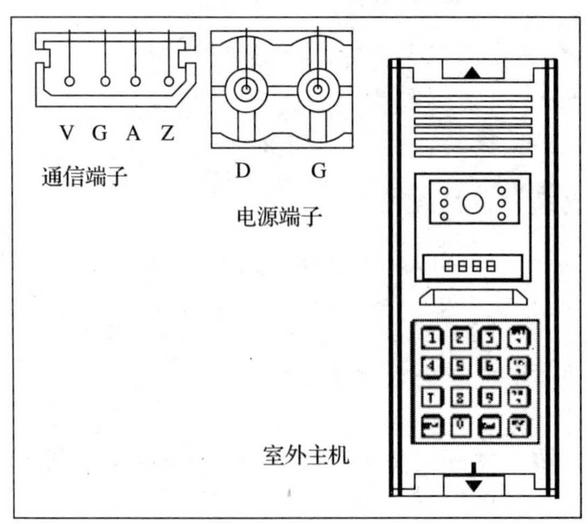

图 1—33　数码式可视单元门口机接线端子示意图

(2) 可视室内对讲分机接线端子如图 1—34 所示。

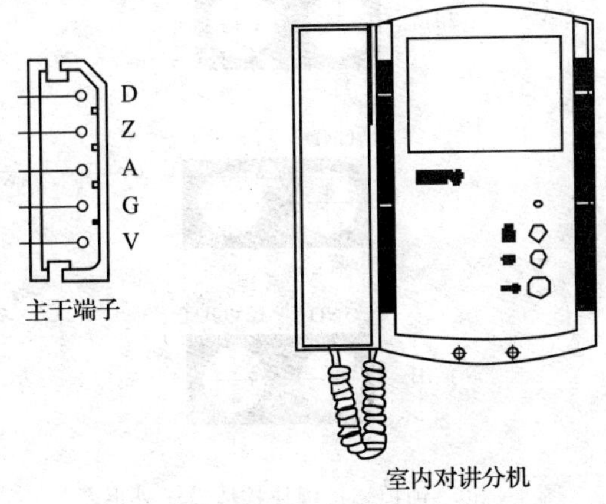

图 1—34　可视室内对讲分机接线端子示意图

(3) 楼层分配器接线端子如图 1—35 所示。

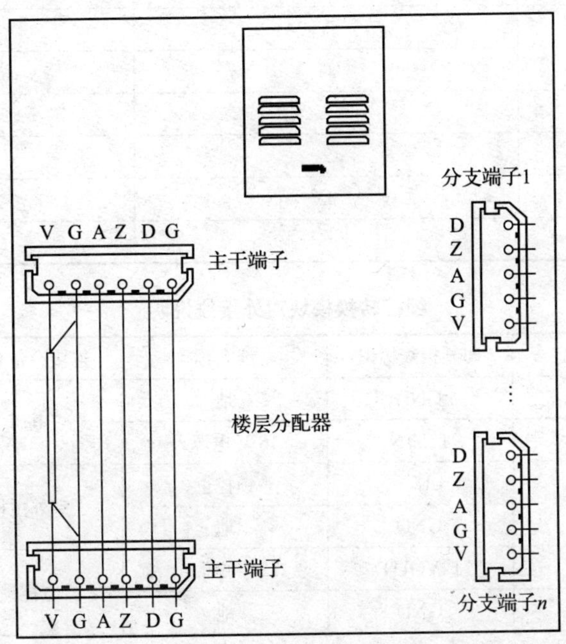

图 1—35　楼层分配器接线端子示意图

(4) 锁控转换模块接线端子如图 1—36 所示。锁控转换模块接在可视单元门口机（又称为室外主机）和电控锁之间起信号转换作用。

2. 可视单机对讲系统接线端子说明与接线图

(1) 可视单机对讲系统接线端子

可视室内分机、可视单元门口机接线端子说明见表 1—4。锁控转换模块对外接线说明见表 1—5。

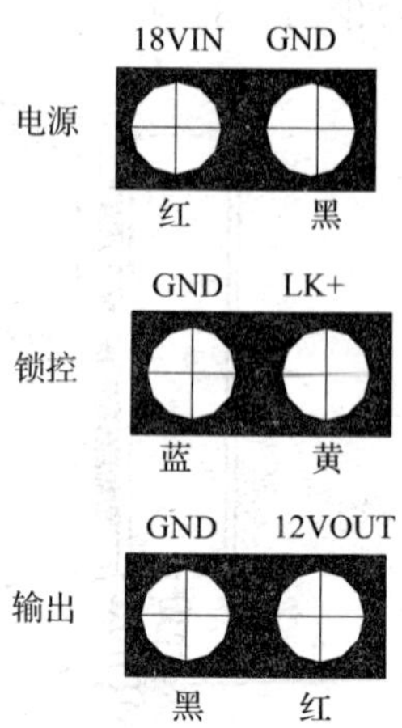

图 1—36　锁控转换模块接线端子外形图

表 1—4　　可视室内分机、可视单元门口机接线端子说明

线颜色	端子标识	线名称
1 黄色	V	视频线
2 黑色	G	地线
3 蓝色	A	音频线
4 白色	Z	总线
5 红色	D	电源线
6 棕色	G	电源的地线

表 1—5　　锁控转换模块对外接线说明

端子名称	线颜色	印制板线标识	线名称	连接设备名称	连接设备端子标识
电源端子	黑	GND	地	电源	GND
	红	18VIN	18 V 电源入		+18 V
锁控端子	黄	LK+	锁控正	室外主机	LK
	蓝	GND	地		GND
输出端子	红	12VOUT	12 V 电源出	电控锁	红电缆
	黑	GND	地		黑电缆

（2）可视单机对讲系统的接线图

可视单机对讲系统接线图如图 1—37 所示。锁控模块接线图如图 1—38 所示。

其中，层间分配器分支端子接室内对讲分机的端子，有多少组分支端子就能接多少台室内对讲分机。

3. 可视单机对讲系统的配线和接线工艺

（1）典型系统配线

配线时，应根据线长和系统的负荷以及建筑物内布局和电气、电磁情况来灵活设计，以下提供正常情况下的配线参数，选用 6 芯线，备用 2 芯，以便维护并为日后升级留下冗余。

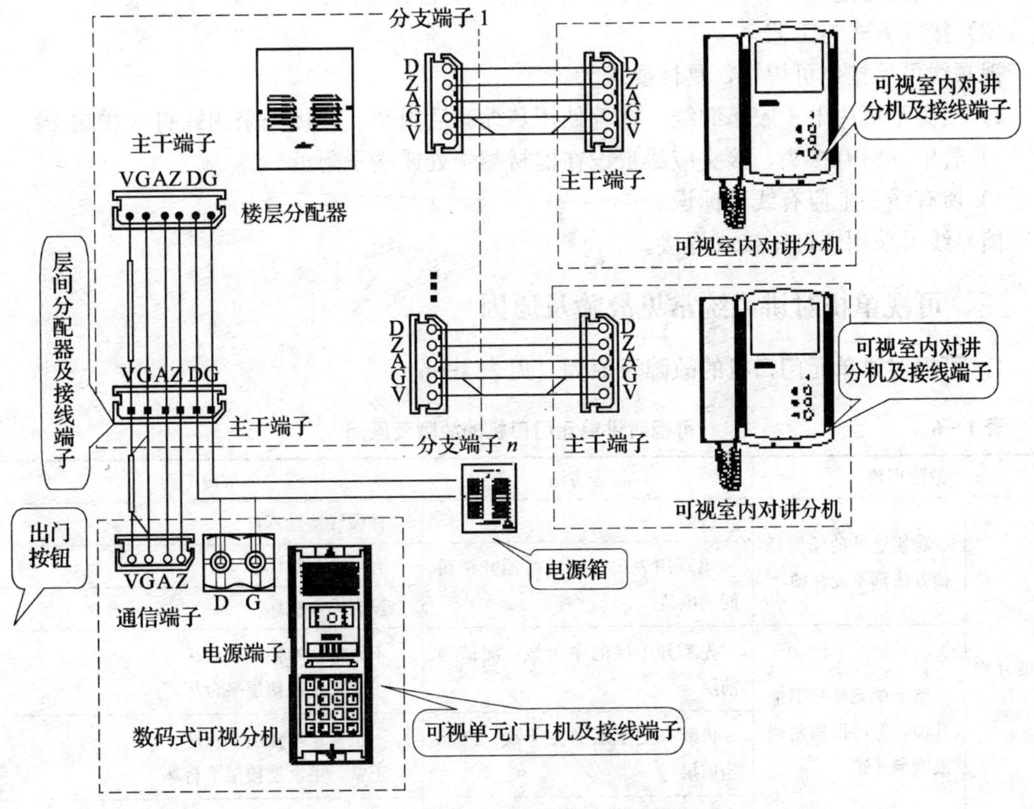

图 1—37 可视单机对讲系统接线图

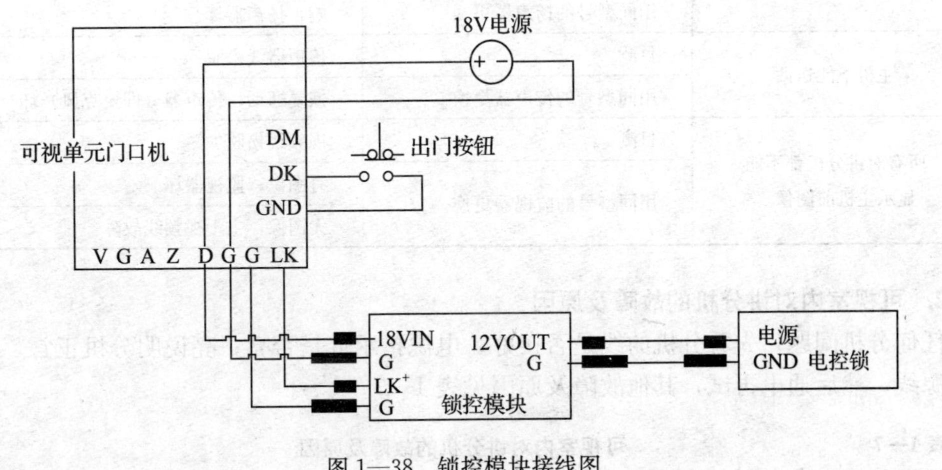

图 1—38 锁控模块接线图

（2）布线注意事项

1）视频线和信号线严禁与强电线在一个管内或一个线槽内敷设，如需在同一个布线井敷设时应间隔 30 cm 以上。

2）视频线和信号线尽量不要与有线电视、电缆、电话线走同一线管，如无法分开，信号线要使用屏蔽线（RVVP）。

3）当线长超过 400 m 时，应考虑线管接地，接地电阻应小于 4 Ω。

（3）接线方式与工艺

视频线可压接也可焊接，具体要求为：

1）线头不可用电工胶布缠绕，推荐使用热缩套后封装，并优先采用螺钉接线端子。

2）管中不得有接头，接头应尽量设在器材端子处或端子附近。

3）所有线头上应有线号标识。

信号线可采用螺钉压接或焊接。

三、可视单机对讲系统常见故障及原因

1. 可视对讲单元门口机的故障及原因（见表 1—6）

表 1—6　　可视对讲单元门口机的故障及原因

故障现象		检查方法	故障原因
不能开锁	除钥匙外的任何开锁方法都不能开锁	目测	开锁线接触不良
		用万用表测开锁线两端开锁瞬间的电流	有，电控锁坏
			没有，主机坏
	整个单元住户不能开锁，但可以输密码或刷卡开锁	先断开上层的主干线，测试当前层	不正常，本楼层平台坏 正常，上层楼层平台坏
		再断开更上层的主干线，测试当前层	不正常，本楼层平台坏 正常，更上层楼层平台坏
		以此类推	以此类推
主机无声		目测	扬声器线松脱
		用同型号的扬声器更换	响，扬声器坏
主机不能送话		目测	传声器线松脱
		用同型号的传声器更换	恢复通话，传声器（即麦克风）坏
所有对讲分机都不能显示主机前图像		目测	视频线松脱
		用同型号的监视器更换	有图像，监视器坏
			无图像，主干视频线故障

2. 可视室内对讲分机的故障及原因

任何分机问题，先看分机的线是否接好，电源指示灯是否亮，亮说明分机正常，不亮查看电源线，然后通电再试，其他故障及原因见表 1—7。

表 1—7　　可视室内对讲分机的故障及原因

故障现象	检查方法	故障原因
不能开锁，其他功能正常	用导线将开锁键两端短接	锁开，线路故障
		锁不开，按键故障
	用 20 m 10 芯测试线将这台分机与主机连接起来	锁开，楼层平台故障
		锁不开，主机故障

续表

故障现象		检查方法	故障原因
没有图像	亮屏，但图像扭曲严重，抖动、不清楚、偏黑、模糊	用万用表测电流、电压	测得结果与说明书不一致，分机电源故障
	亮屏无图像	目测	视频线松脱
	被呼叫有图像，按监视键时无图像	用导线短接监视键两端	有图像，监视键坏
分机无声		目测接线，重插接口	有声，接口故障
			无声，分机控制板故障

3. 电源故障及原因（见表 1—8）

表 1—8　　电源故障

故障现象	检查方法	故障原因
电源无输出或输出不正常	用万用表测变压器输入侧的电压	无电压，电源线断路
		有 220 V 电压，电源板故障
	用万用表测变压器输出侧的电压	无电压，变压器坏
		有 18 V（1±10%）电压，控制板坏

一、实训内容

1. 视频线与 BNC 接头的连接。
2. 可视单机对讲系统的接线与故障排除。

二、实训器材

实训器材见表 1—9。

表 1—9　　可视单机对讲系统实训器材明细表

序号	名称	规格	数量
1	可视门口机、可视室内分机、楼层分配器、视频电源、锁控模块等	—	5套
2	万用表 、旋具（一字形、十字形）、胶布或热缩管、2 m 长的 10 芯护套线一条、视频线和 BNC 接头若干、可调电源一台	—	10套

三、实训步骤

1. 视频线与 BNC 接头的连接

可视单机对讲系统增加了可视功能，而传输图像信号的就是视频线，视频线与设备的连接需要使用 BNC 接头（见图 1—39），视频线与 BNC 接头的连接方法如下。

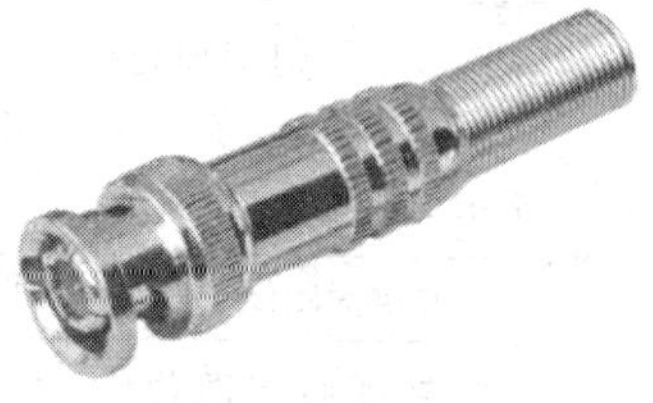

图 1—39　BNC 接头

（1）剥线

1）用剪刀剥掉视频线的护套层（2 cm 左右，且不能伤到金属屏蔽网线），然后将金属屏蔽网线紧紧地绕在一起。

2）用剪刀剥掉视频线的绝缘介质（即白色塑料管，1.5 cm 左右），且不能伤到芯线，如图 1—40 所示。

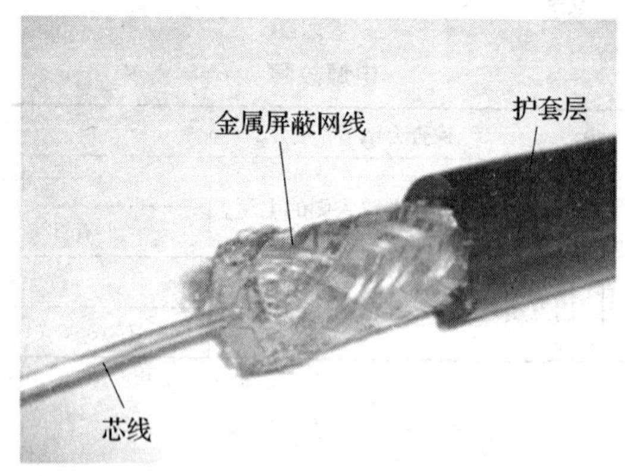

图 1—40　视频线

（2）上锡

1）给金属屏蔽网线上锡，如图 1—41 所示。

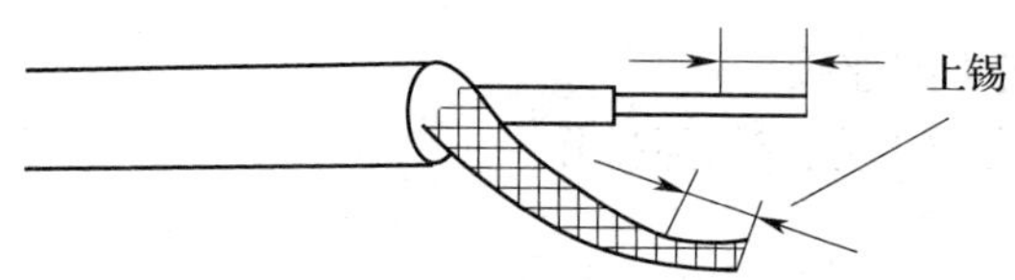

图 1—41　给金属屏蔽网线上锡

2）给 BNC 接头上锡，如图 1—42 所示。

图 1—42　给 BNC 接头上锡

(3) 连接

如图 1—43 所示，芯线插针连接到视频线的芯线上并焊接；BNC 接头本体的接地端连接到视频线的金属屏蔽网线并焊接；最后，拧上屏蔽金属套筒。

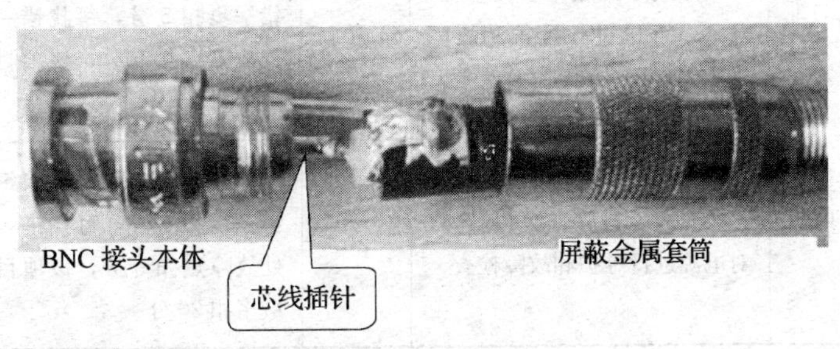

图 1—43 连接

2. 可视单机对讲系统的接线与故障排除

(1) 接线

将可视门口机、可视室内分机、楼层分配器、视频电源、锁控模块连接成为一个可视单机对讲系统。通电前，要检查接线是否正确，特别是电源线不能接反。

(2) 故障检修

对照表 1—6、表 1—7、表 1—8 所列的故障现象及检查方法，进行检修练习。检修一般应按如下步骤进行：

1) 先看电。即先检查各设备电源指示灯是否亮，如果亮，说明电源线没有问题。

2) 再看线。即用万用表测量开锁线、视频线等连接有无问题。

3) 最后测试其他功能。如果电源、接线都没问题，故障就可能出现在设备上，此时可以通过设备功能测试来判断出现故障的模块，如可视室内分机不能送话是传声器损坏。

(3) 检修注意事项

在进行接线、拆线操作时，必须切断电源。

四、评分标准

内容	要求	配分	评分标准	扣分	得分
视频线的制作	正确制作视频线与 BNC 接头，符合工艺要求	20	每做错一步扣 5 分		
可视单机对讲系统的接线	正确将可视单元门口机、室内分机、楼层分配器等连接成一个完整的可视单机对讲系统	20	通电实验成功得 20 分，每误接、漏接一处扣 5 分		
可视对讲单元门口机的维修	按照故障排除方法和步骤，对门口机进行维护和故障检查	20	排除故障方法和步骤每错一步扣 5 分，每找错一处故障点扣 5 分，该项目最多扣 20 分		

续表

内容	要求	配分	评分标准	扣分	得分
可视对讲室内分机的维修	按照故障排除方法和步骤，对室内分机进行维护和故障检查	20	排除故障方法和步骤每错一步扣 5 分，每找错一处故障点扣 5 分，该项目最多扣 20 分		
可视单机对讲系统电源的维修	按照故障排除方法和步骤，对电源进行维护和故障检查	20	排除故障方法和步骤每错一步扣 5 分，每找错一处故障点扣 5 分，该项目最多扣 20 分		

总分：________

课题三　联网对讲系统

1. 了解管理中心机的功能，会进行管理中心机的简单操作。
2. 会看可视对讲系统的系统原理图。
3. 熟悉可视室内分机的安装方法与调试，学会可视室内分机的使用。
4. 会可视单机对讲系统的简单维修。

随着社会的快速发展，单机对讲系统（包括非可视单机对讲系统与可视单机对讲系统）因其管理区域狭小，设备功能单一，越来越无法满足人们的需要，将单机对讲系统联网组成更大的对讲系统逐步提上日程。

联网对讲系统采用集中化管理，功能复杂，一般除具备可视或非可视对讲、遥控开锁等基本功能外，还能接收住户的各种防盗报警探测器、烟感探测器等报警信息和紧急求助，能主动呼叫辖区内任意一住户或对全体住户进行广播，有的还带有三表（水、煤气、电）抄送等功能。

一、联网对讲系统的分类

1. 按联网范围分类

（1）小区联网对讲系统

小区联网对讲系统是通过管理中心机把多个可视单机系统联网组成一个范围较广的对讲系统，它不但可以实现户主与单元门口机的通话、控制，还可以呼叫小区管理中心，并实现信息在小区内部共享，即将多个单机对讲系统通过管理中心机联网成为一个小区联网对讲系统。小区联网对讲系统的部分结构如图 1—44 所示。

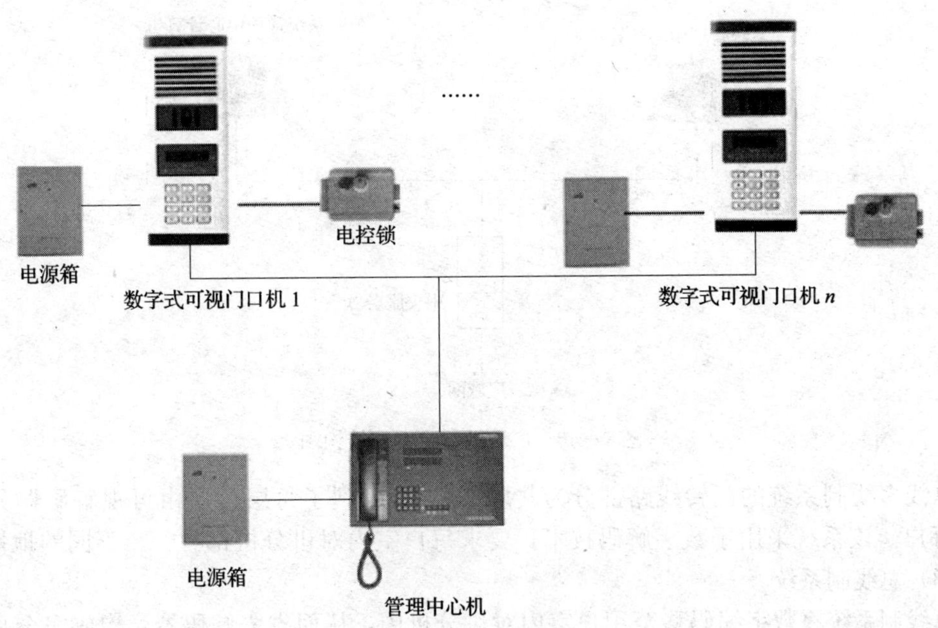

图 1—44　小区联网对讲系统结构图

(2) 局域网对讲系统

局域网对讲系统是将多个小区管理中心机联网到专用网络（如公安系统的安防网），实现信息在更大范围内共享，如图 1—45 所示。

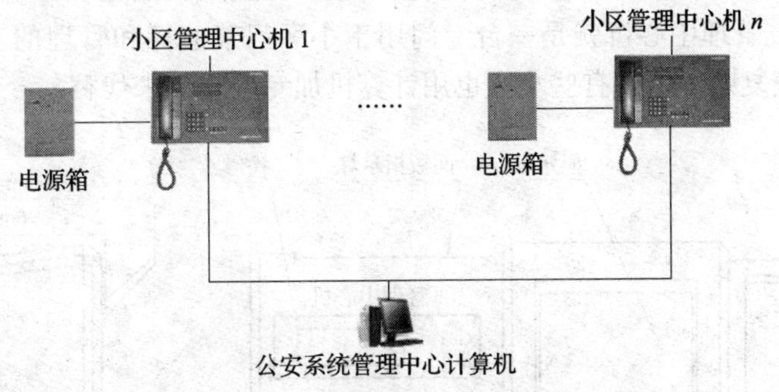

图 1—45　局域网对讲系统部分结构图

(3) 广域网对讲系统

广域网对讲系统是以数字可视对讲系统产品为基础组建的现代化系统，它将多个公安系统管理中心计算机通过服务器连接到广域网（Internet）。它除了可以实现小区内通话外，还可以实现网内可视 IP 通话及网内电子邮件的收发，如图 1—46 所示。

2. 按线制结构分类

(1) 多线制系统

多线制系统中，除了开门线、电源线共用外，每户都有一条独立的门铃线路。这种系统线路复杂，施工难度大，因用导线较多而使成本较高。

(2) 总线多线制系统

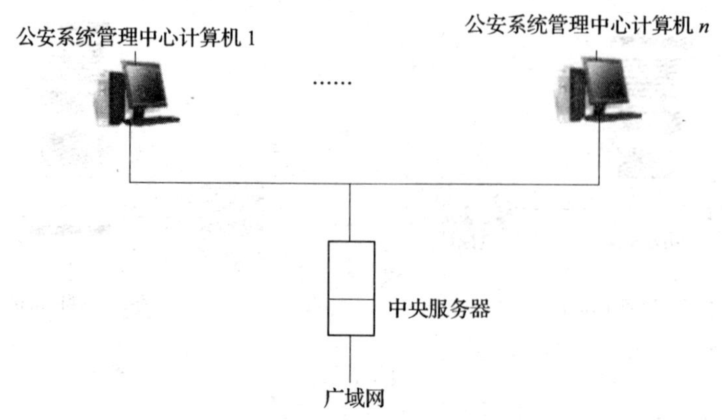

图 1—46　广域网对讲系统结构图

总线多线制系统的门铃线路部分为共用（总线），到了每层楼层由可视解码器分配到每家每户。该系统采用了数字解码技术，要求每户室内对讲分机都有一个不同的地址码。

（3）总线制系统

总线制系统将数字编码移至用户室内对讲分机中，从而省去解码器，构成完全总线连接。

二、主要设备

1. 管理中心机

管理中心机一般安装在物业小区的保安室，主要有监控、报警、发卡、开锁、通话等功能（见图 1—47）。管理中心机就是一台专门用于小区门禁监控和管理的工业计算机，它功能较少，但编程较复杂，所以有些小区也用计算机加专用软件来代替。

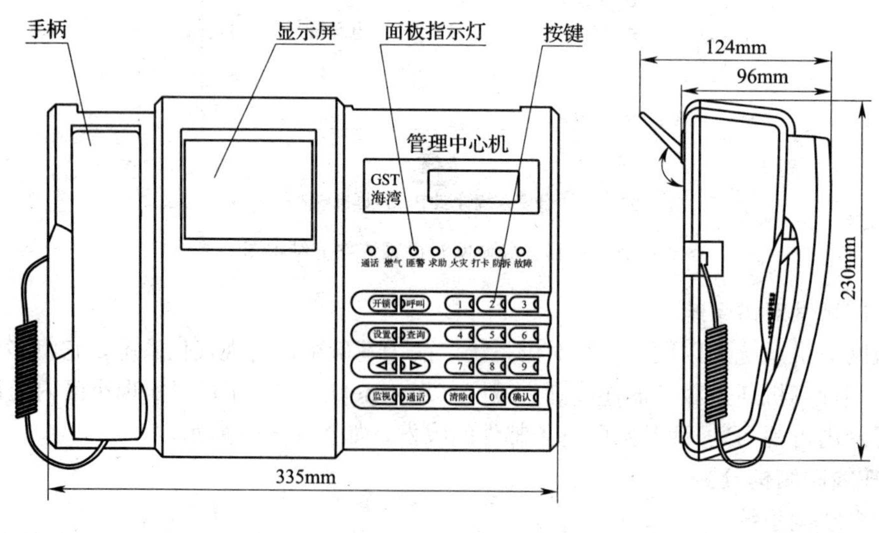

图 1—47　管理中心机

2. 可视解码器

可视解码器（也叫视频切换模块）除了具有楼层分配器的所有功能外，还具有地址码的解码功能，即可以正确地将总线上传输的信号送到指定的可视室内对讲分机上（见图 1—48）。地址码就像“信箱号”，保证信号准确地“投递”到正确的地址（分机）上。

图 1—48 可视解码器

3. 联网器

联网器也称为联网转换器、联网切换器、联网路由器等，主要功能是切换网络与单机对讲系统的视频信号、音频信号，转发报警信息、管理信息等，隔离保护网络与单机对讲系统（见图 1—49）。

图 1—49 联网器

三、系统配线

1. 接线端子介绍

（1）管理中心机的接线端子

管理中心机端口的形状如图 1—50 所示，其端子名称、可连接设备等见表 1—10。

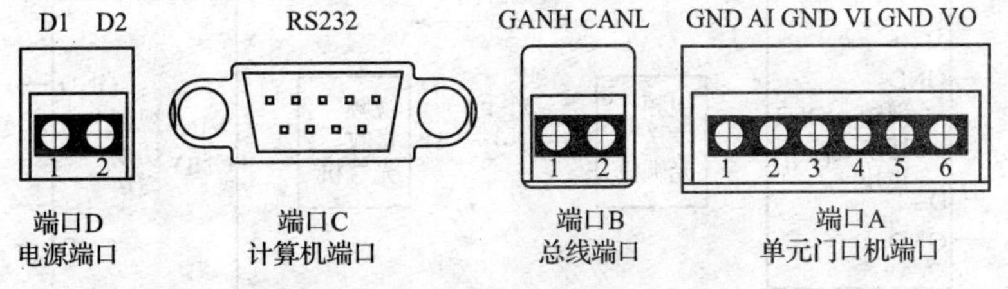

图 1—50 管理中心机端口示意图

表 1—10 **管理中心机端子注释对照表**

端口号	序号	端子标识	端子名称	连接设备名称	注释
端口 A	1	GND	地	单元门口机	音频信号输入端口
	2	AI	音频输入		
	3	GND	地		视频信号输入端口
	4	VI	视频输入		
	5	GND	地	监视器	视频信号输出端口，可外接监视器
	6	VO	视频输出		

续表

端口号	序号	端子标识	端子名称	连接设备名称	注释
端口 B	1	CANH	CAN 正	单元门口机或联网器	CAN 总线接口
	2	CANL	CAN 负		
端口 C	1—9		RS232	计算机	RS232 接口，接计算机
端口 D	1	D1	18 V 电源	电源箱	给管理中心机供电，18 V 无极性
	2	D2			

（2）视频解码器的接线端子

视频解码器的接线端子如图 1—51 所示，除了视频切换功能外，还有隔离、保护等功能。

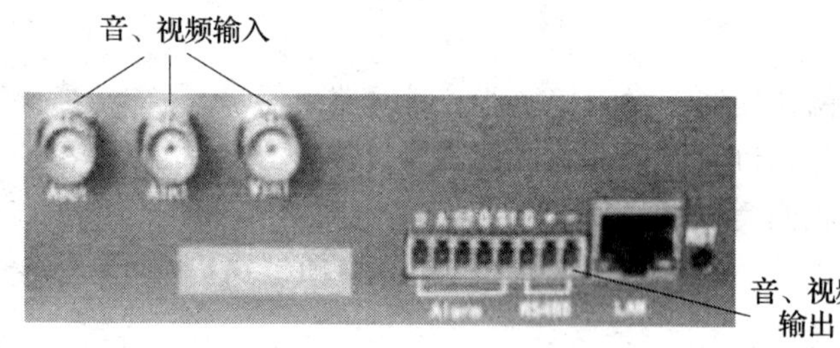

图 1—51　视频解码器的接线端子

其中，视频切换模块传输方式如图 1—52 和图 1—53 所示，接线端子的名称见表 1—11。

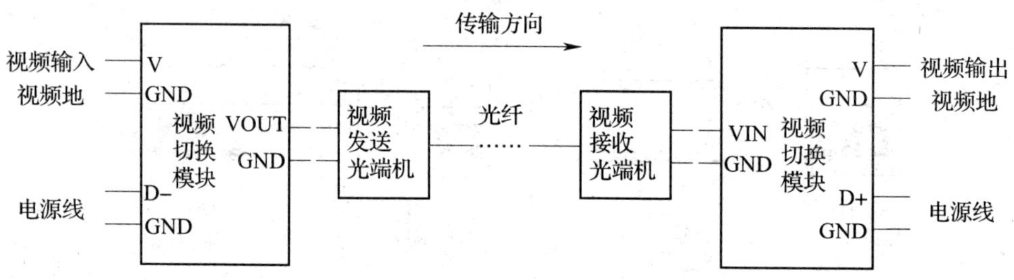

图 1—52　视频单向传输接线示意图

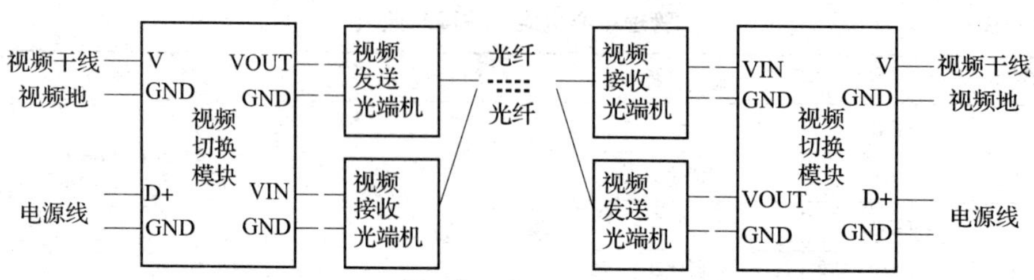

图 1—53　视频双向传输接线示意图

表 1—11　　　　视频切换模块端子说明

端子总称	端子标识	端子名称	连接设备名称
电源端子	GND	地	电源负极
	D+	18 V 电源入	电源正极
主干端子	V	视频主干线	外网视频线
	GND	地	外网视频地线
视频输出端子	VOUT	视频输出	光端机视频输入
	GND	地	
视频输入端子	VIN	视频输入	光端机视频输出
	GND	地	

(3) 联网器的接线端子

联网器的接线端子如图 1—54 所示，接线端子的名称见表 1—12。

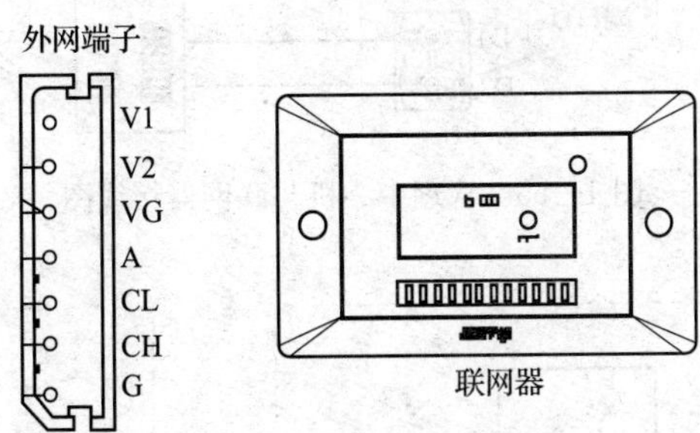

图 1—54　联网器的接线端子

表 1—12　　　　联网器接线端子对照表

端子标识	端子名称	连接设备名称	注释
V1	视频输入	管理中心机	视频信号输入端口
V2	视频输入		
VG	视频地		
A	音频输入		音频信号输入端口
CANL	CAN 正		CAN 总线接口
CANH	CAN 负		
GND	地		音频信号输入端口

2. 部分设备连接图

(1) 管理中心机与联网器接线图

管理中心机与联网器接线图如图 1—55 所示。

(2) 可视单元门口机与联网器、可视室内分机等的接线图

如图 1—55 与图 1—56 所示，用联网器将管理中心机与单机对讲系统联网成为一个小区联网对讲系统。

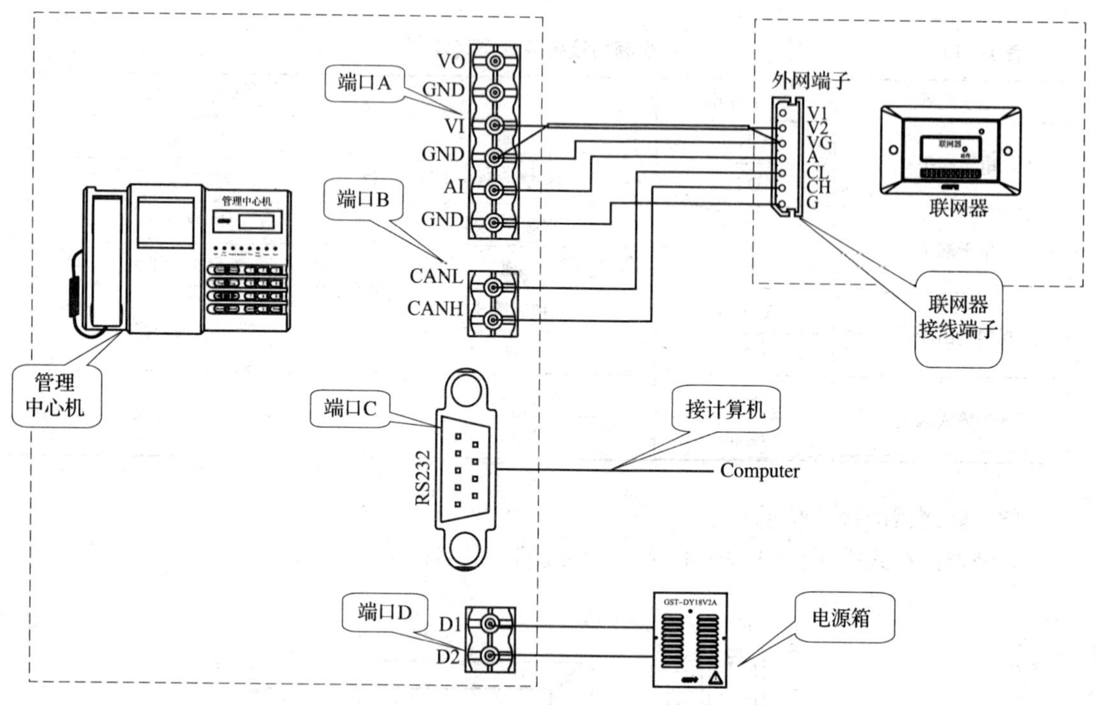

图 1—55　管理中心机与联网器接线图

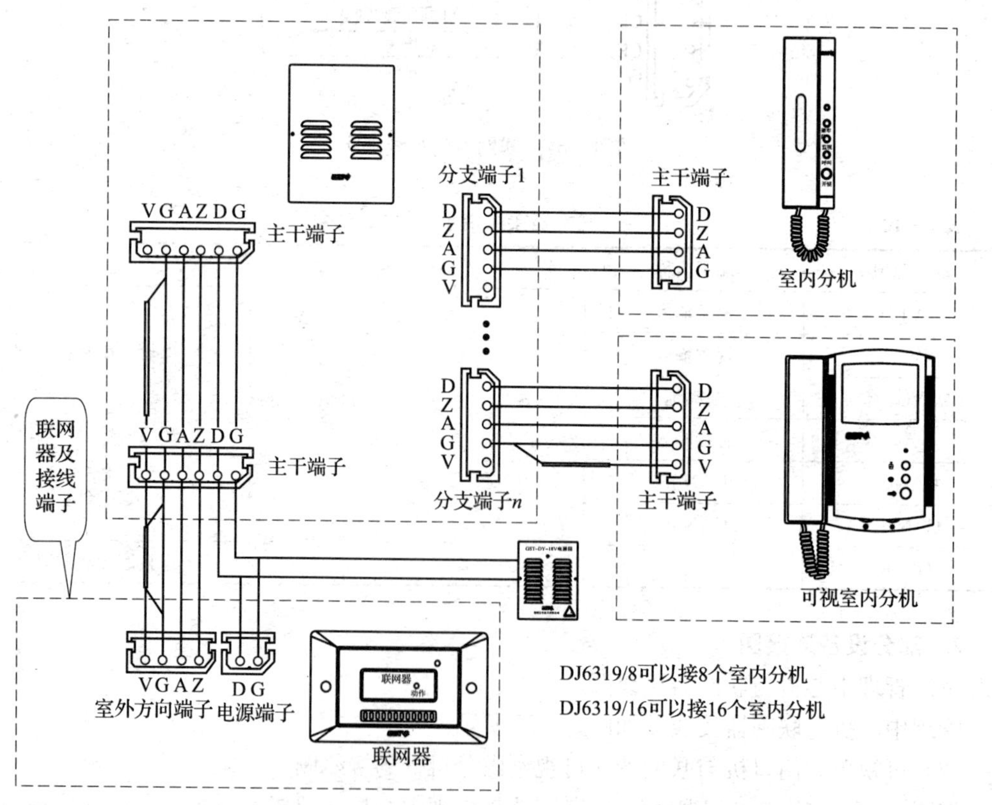

图 1—56　可视单元门口机与联网器、可视室内分机等的接线图

可视编码器与联网器的作用基本相同，都是将分立的系统通过它们连接到总线上，从而实现音频、视频的自动切换，并且组成范围更广、功能更强的联网系统。

3. 系统结构与接线示意图

(1) 小区联网式对讲系统

小区联网式对讲系统接线示意图如图 1—57 所示。

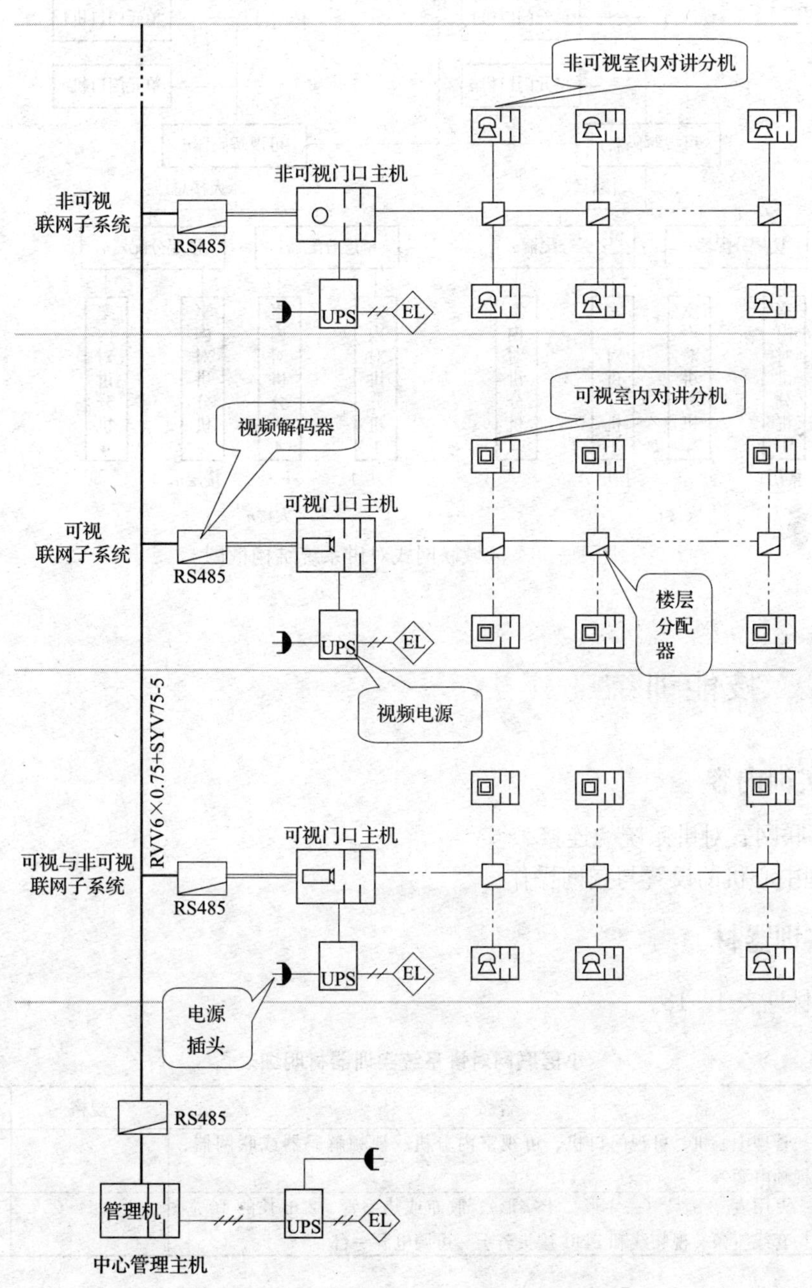

图 1—57　小区联网式对讲系统接线示意图

(2) 区域联网式对讲系统

区域联网式对讲系统结构框图如图 1—58 所示。

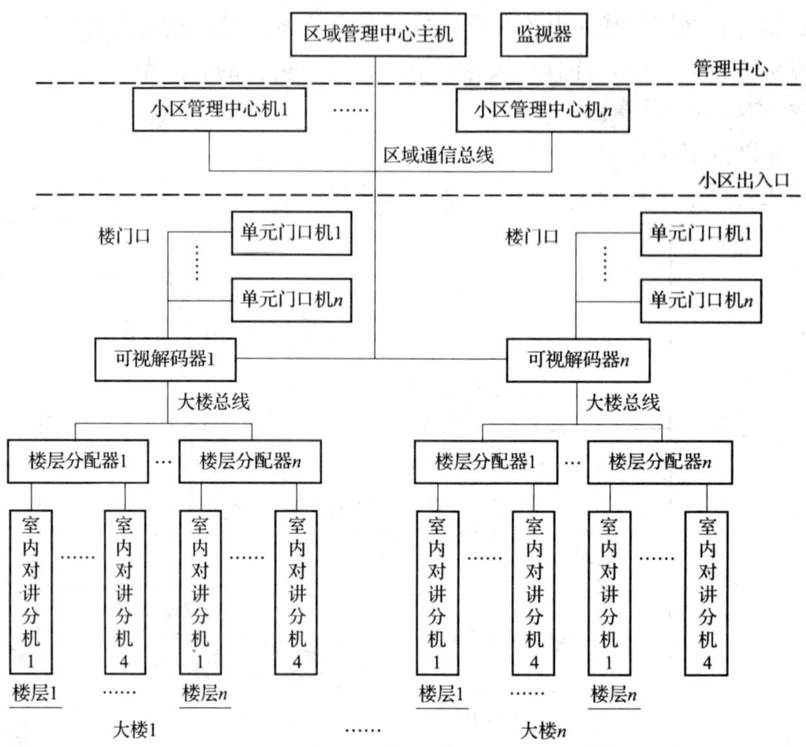

图 1—58　区域联网式对讲系统结构框图

一、实训内容

1. 小区联网式对讲系统的连接。
2. 管理中心机的设置与查询操作。

二、实训器材

实训器材见表 1—13。

表 1—13　　小区联网对讲系统实训器材明细表

序号	名称	规格	数量
1	管理中心机、可视门口机、可视室内分机、视频解码器或联网器、视频电源等	—	5 套
2	万用表 、旋具（一字形、十字形）、胶布或热缩管、2 m 长的 10 芯护套线一条、视频线和 BNC 接头若干、可调电源一台	—	10 套

三、实训步骤

1. 小区联网式对讲系统的连接

利用实训场地提供的设备，按照接线图，将管理中心机、可视门口机、可视室内分机、视频解码器或联网器、视频电源等连接成一个小区联网式对讲系统。

2. 管理中心机的设置与查询操作

(1) 管理中心机的设置

以 GST－DJ6000 型管理中心机的设置为例说明。如图 1—59 所示，是 GST－DJ6000 型管理中心机的操作界面。

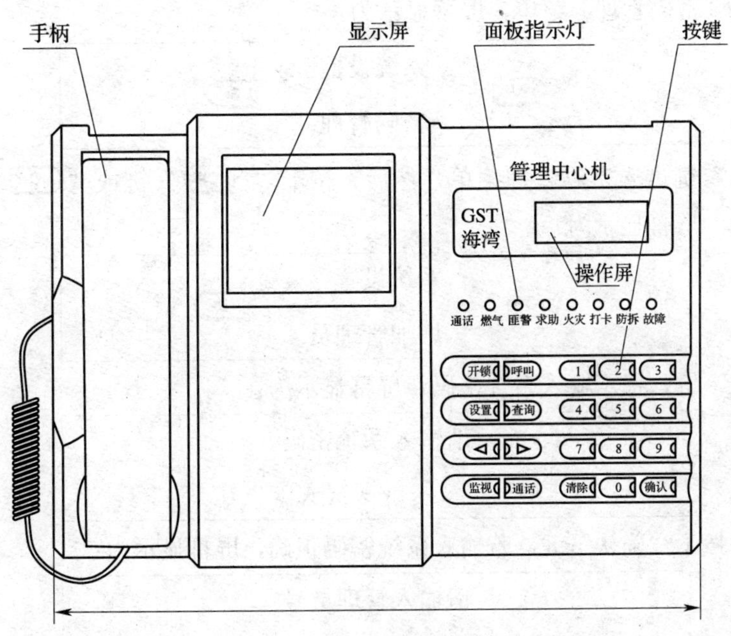

图 1—59　GST－DJ6000 型管理中心机的操作界面

1) 系统设置菜单。在图 1—59 中，按下“设置”键，通过“◁”键或“▷”键在操作屏里找到所要设置的内容，如“密码管理”，然后按下“确认”键即可。

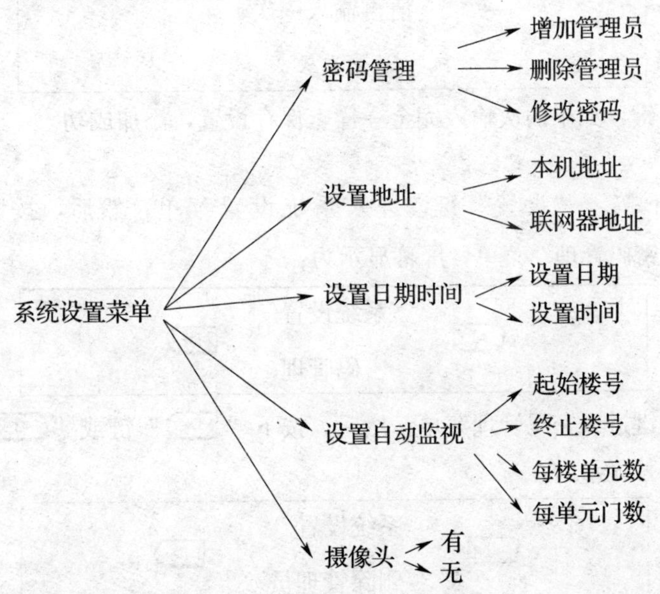

2）管理员设置。按操作权限的不同，管理员可分为系统管理员和普通管理员；系统管理员可进行所有的操作，而普通管理员只能进行日常操作。一台管理中心机只能有一个系统管理员，但是可以有 99 个普通管理员。

①添加管理员。

在待机状态下按下“设置”键，进入系统设置菜单。然后，按下“▷”键或“◁”键选择“密码管理”菜单，屏幕显示为：

系统设置 ◁　　　　▷ 密码管理

按下“确认”键进入密码管理菜单，然后，按下“▷”键或“◁”键选择“增加管理员”菜单，屏幕显示为：

系统设置 ◁　　　　▷ 增加管理员

按下“确认”键，提示输入系统密码，屏幕显示为：

请输入系统密码 ＊＊＊＊＊＊

输入密码后按下“确认”键，若输入系统密码正确，屏幕显示为：

请输入管理员号 ＊＊

注意：此时，输入为“管理员号”＋“确认”＋“密码”。

按下“确认”键，屏幕显示为：

请再输入一次 ＊＊＊＊＊

按下“确认”键，如果两次输入完全一样，保存设置，添加成功。

②删除管理员。

在待机状态下按下“设置”键，进入系统设置菜单。然后，按下“▷”键或“◁”键选择“密码管理”菜单，屏幕显示为：

系统设置 ◁　　　　▷ 密码管理

按下“确认”键进入密码管理菜单，然后，按下“▷”键或“◁”键选择“删除管理员”菜单，屏幕显示为：

系统设置 ◁　　　　▷ 删除管理员

按下“确认”键，提示输入系统密码，屏幕显示为：

请输入系统密码 ＊＊＊＊＊＊

输入密码后按下“确认”键，若输入系统密码正确，屏幕显示为：

请输入管理员号 ＊＊

注意：此时，只输入“管理员号”。

按下“确认”键，屏幕显示为：

删除＊＊管理员 确认?

按下“确认”键，完成＊＊号管理员的删除操作，删除成功。

3）修改系统密码或管理员密码。管理员个人密码由管理员号和密码两部分构成，管理员号可以是1～99中任意一个数字，密码是长度为0～6位的任意数字组合。出厂时默认的管理员初始密码为1234。

在待机状态下按下“设置”键，进入系统设置菜单。然后，按下“▷”键或“◁”键选择“密码管理”菜单，屏幕显示为：

系统设置 ◁　　　　▷ 密码管理

按下“确认”键进入密码管理菜单，然后，按下“▷”键或“◁”键选择“修改密码?”菜单，屏幕显示为：

系统设置 ◁　　　　▷ 修改密码?

按下“确认”键，液晶屏每隔2 s循环显示“请输入系统密码”和“或管理员＃密码”，屏幕显示为：

请输入系统密码 ＊＊＊＊＊＊

或管理员＃密码 ＊＊＊＊＊

输入系统密码或管理员密码并按下“确认”键，系统要求输入管理员号和新密码，屏幕显示为：

请输入管理员号

* *

管理员号新密码

* * *

按下“确认”键，屏幕显示为：

请再输入一次

* * * * *

按下“确认”键，如果两次输入完全一样，保存设置，修改成功。

4）设置日期。在待机状态下按下“设置”键，进入系统设置菜单。然后，按下“▷”键或“◁”键选择“设置日期时间”菜单，屏幕显示为：

系统设置

◁ ▷

设置日期时间

按下“确认”键进入设置日期时间菜单，然后，按下“▷”键或“◁”键选择“设置日期?”菜单，屏幕显示为：

设置日期时间

◁ ▷

设置日期?

按下“确认”键，系统提示输入系统密码或管理员密码，屏幕显示为：

请输入系统密码

* * * * * *

若输入系统密码正确，进入日期设置菜单，屏幕显示为：

设置日期

2005 年 12 月 09 号

修改后，按下“确认”键，进入星期修改菜单，屏幕显示为：

设置星期

星期一

修改后，按下“确认”键，存储修改好的日期。按下“清除”键，退出设置画面，返回到主页面。

注意：管理中心机的数字键“1”～“6”分别表示星期一至星期六，数字键“0”表示星期日。

5）设置时间。在待机状态下按下“设置”键，进入系统设置菜单。然后，按下“▷”键或“◁”键选择“设置日期时间”菜单，屏幕显示为：

系统设置
◁ ▷
设置日期时间

按下“确认”键进入设置日期时间菜单，然后，按下“▷”键或“◁”键选择“设置时间?”菜单，屏幕显示为：

设置日期时间
◁ ▷
设置时间?

按下“确认”键，提示输入系统密码或管理员密码，屏幕显示为：

请输入系统密码
******

若输入系统密码正确，进入时间设置菜单，屏幕显示为：

设置时间
11:31:29

修改后，按下“确认”键，存储修改后的时间。按下“清除”键退出，时间设置成功，回到主页面。

6）设置自动监视。管理中心机可以自动循环监视单元门口，从起始楼号到终止楼号，每隔 30 s 自动循环显示，这有利于小区管理人员及时掌握单元门口情况，快速处理发生的问题。

该设置分为以下四步。

第一步，设置起始楼号。

在待机状态下按下“设置”键，进入系统设置菜单。然后，按下“▷”键或“◁”键选择“设置自动监视”菜单，屏幕显示为：

系统设置
◁ ▷
设置自动监视

按下“确认”键进入自动监视参数设置菜单，然后，按下“▷”键或“◁”键选择“起始楼号?”菜单，屏幕显示为：

设置自动监视
◁ ▷
起始楼号?

按下“确认”键，提示输入起始楼号，屏幕显示为：

起始楼号
**

输入楼号，按下“确认”键存储起始楼号，设置完成。

第二步，系统回到自动监视参数设置菜单后，通过“▷”键或“◁”键选择“终止楼号?”菜单，屏幕显示为：

设置自动监视

◁　　　　▷

终止楼号?

按下“确认”键，提示输入终止楼号，屏幕显示为：

终止楼号

＊＊

输入楼号，按下“确认”键存储终止楼号，设置完成。

第三步，返回自动监视参数设置菜单后，通过“▷”键或“◁”键选择“每楼单元数?”菜单，屏幕显示为：

设置自动监视

◁　　　　▷

每楼单元数?

按下“确认”键，提示输入最大单元数，屏幕显示为：

每楼单元数

＊

输入最大单元数，按下“确认”键存储最大单元数，设置完成。

第四步，返回自动监视参数设置菜单，通过“▷”键或“◁”键选择“每单元门数?”菜单，屏幕显示为：

设置自动监视

◁　　　　▷

每单元门数?

按下“确认”键，提示输入最大门数，屏幕显示为：

每单元门数

＊

输入最大门数，按下“确认”键存储每单元最大门数，设置完成。

完成上述操作步骤后，按下“清除”键，循环监视操作设置成功，回到主页面。

(2) 管理中心机的查询

在图 1—59 中，按下“查询”键，通过“◁”键或“▷”键在操作屏里找到所要查询的内容，如“开门记录”，然后按下“确认”键即可。

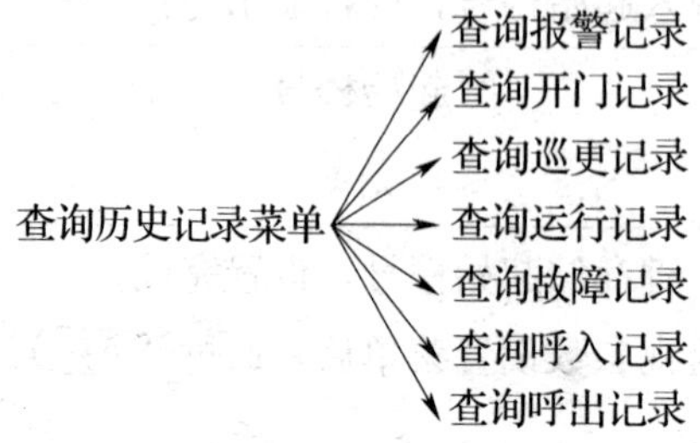

1）查询报警记录。在待机状态下按下“查询”键，进入查询历史记录菜单。然后，按下“▷”键或“◁”键选择“查询报警记录?”菜单，屏幕显示为：

◁	查询历史记录： 查询报警记录?	▷

按下“确认”键进入报警记录查询菜单，通过“▷”键或“◁”键选择查看报警记录信息。按“▷”键查看下一屏信息，按“◁”键查看上一屏信息，屏幕显示为：

03 火灾报警 单元号#楼号#房间号

03 火灾报警 月份—日期　时间

按“清除”键退出查看。

2）查询故障记录。在待机状态下按下“查询”键，进入查询历史记录菜单，然后按下“▷”键或“◁”键选择“查询故障记录?”菜单，屏幕显示为：

◁	查询历史记录： 查询故障记录?	▷

按下“确认”键进入故障记录查询菜单，通过“▷”键或“◁”键选择查看故障记录信息。按“▷”键查看下一屏信息，按“◁”键查看上一屏信息，屏幕显示为：

05 通信故障 单元号#楼号#房间号

05 通信故障 月份—日期　时间

按“清除”键退出查看。

四、评分标准

内容	要求	配分	评分标准	扣分	得分
管理中心机的时间设置	掌握设置方法和步骤，设置结果正确	30	设置步骤每错一步扣 5 分，设置参数每错一处扣 5 分，该项目最多扣 30 分		
管理中心机的密码设置	掌握设置方法和步骤，设置结果正确	30	设置步骤每错一步扣 5 分，设置参数每错一处扣 5 分，该项目最多扣 30 分		
管理中心机的循环监视设置	掌握设置方法和步骤，设置结果正确	40	设置步骤每错一步扣 5 分，设置参数每错一处扣 5 分，该项目最多扣 40 分		

总分：______

课题四　电子巡更系统

1. 了解巡更系统的作用和工作原理。
2. 了解巡更棒的使用方法。

电子巡更系统的作用是在小区各区域内的重要部位制定安保人员巡更路线，并安装巡更站点，安保巡更人员携带巡更记录器按指定的路线和指定的时间到达巡更点并进行记录，将记录的信息传送到智能化管理中心。管理人员可调阅或打印各安保巡更人员的工作情况，加强对安保人员的管理，从而实现人防和技防的结合。

电子巡更系统可实现设定或修改巡更路线、巡更时间；查阅或打印安保巡更人员到位时间、工作情况；巡更违纪记录提示等功能。

一、电子巡更系统简介

1. 电子巡更系统的种类和构成

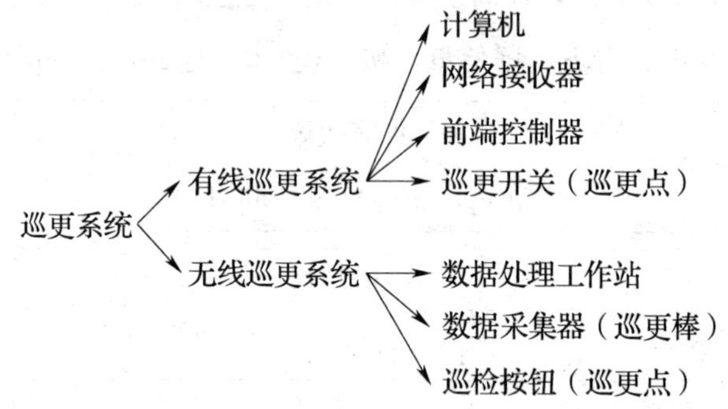

2. 电子巡更系统的工作过程

巡更点设置在巡更人员应该到达的指定线路上，一般在主要出入口、主要通道、各紧急出入口、主要部门等处各安装一个。值日的保安人员，在指定的时间和巡更线路上巡逻时，每到达一个巡更点时，就将手持的巡更棒接触或靠近巡更点，读取巡更点的数据信息（巡检时间及地点），巡更结束后将巡更棒插入通信座，所有巡更情况会自动下载至管理中心计算机中，根据不同要求生成巡检报告，以备查询。

二、电子巡更系统的主要设备

1. 巡更棒

巡更棒为手持式数据信息采集器（见图 1—60、图 1—61），它可以将保安值班人员巡更时所采集到的时间和地点信息存储起来，巡更结束后通过 RS－232 接口与计算机相连，将巡更记录读入计算机存档和核查。

图 1—60　接触式巡更棒　　　　图 1—61　感应式巡更棒

2. 巡更点

巡更点安装在指定巡逻线路的重要位置上，需要和巡更棒配合使用。

图 1—62　巡更点

3. 巡更通信座

用网线将巡更通信座连接到管理中心计算机上，然后将巡更棒插入巡更通信座以读取巡更信息，如图 1—63、图 1—64 所示。

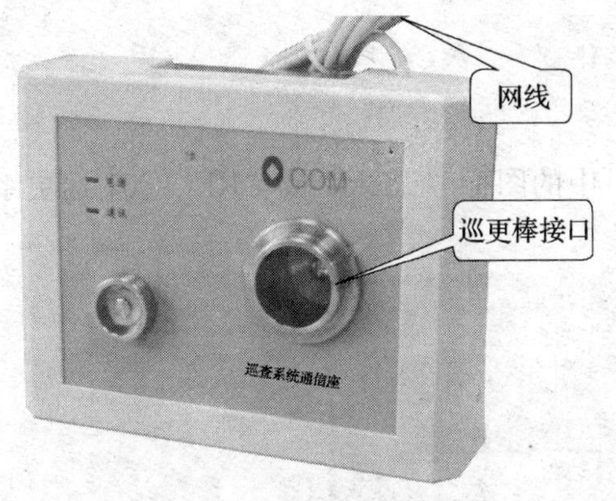

图 1—63　接触式巡更通信座

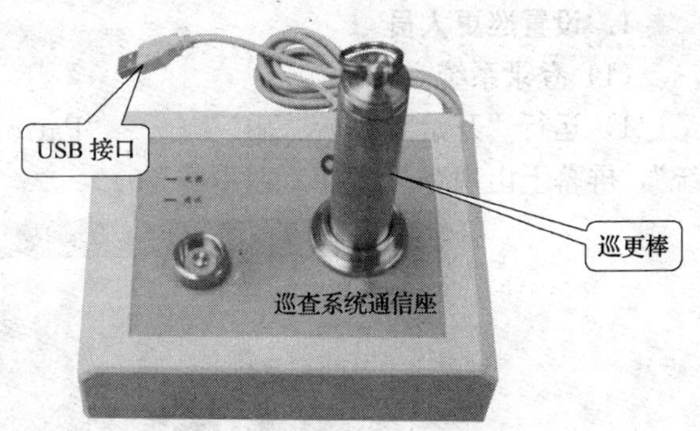

图 1—64　读入巡更信息

三、巡更点的安装

1. 首先选择好每个巡更点所对应的安装位置。所有的安装位置应与计算机巡更点设置相对应，即一条巡更线路有多个巡更点，按顺序 1、2、3……排列，便形成了巡更点的物理地址；而多个巡更点要通过一条数据线（总线）和管理中心计算机连接，为了不发生混乱，管理中心计算机给每一个巡更点都设置了一个地址码；这里的“相对应”是指物理地址和地址码相对应。

2. 确定安装点（距地面不少于 1.5 m），再用冲击钻对安装点打孔（直径为 6 mm），再嵌入胶塞。

3. 打开封盖，将底板用自攻螺钉固定。

4. 重新装上封盖即可。

一、实训内容

管理中心计算机巡更系统的设置。

二、实训器材

实训器材见表1—14。

表1—14　　巡更系统实训器材明细表

序号	名称	规格	数量
1	计算机	—	5
2	REC巡更系统软件	—	5

三、实训步骤

1. 设置巡更人员

(1) 登录系统

1) 运行“开始”⟶“程序”⟶“Patrol”中的图标“Look”或“REC2001巡更系统”，屏幕上出现登录界面（见图1—65）。

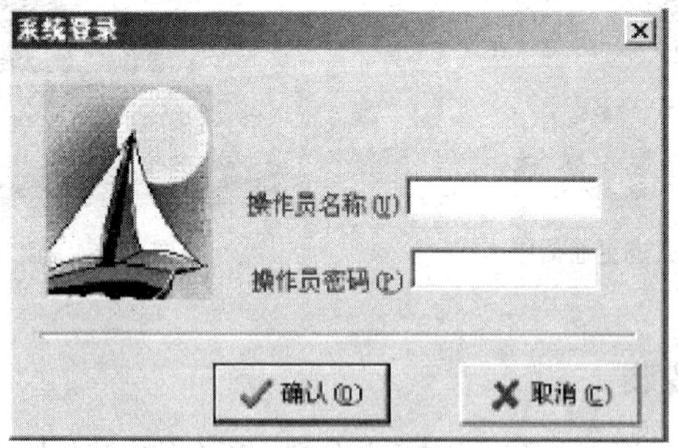

图1—65　登录界面

2) 在“操作员名称”处输入“administrator”，“操作员密码”处为空，按下“确认”键，进入系统。

(2) 添加/修改巡更人员

1) 在菜单上，选择“系统设置”⟶“巡更人员”，系统将弹出设置窗口（见图1—66）。

图 1—66　设置巡更人员

2）选择“添加”或“修改”按钮，在弹出的对话框内依次填入“人员卡号”“人员组序号”等内容，然后按下“添加”键或“修改”键（见图 1—67）。

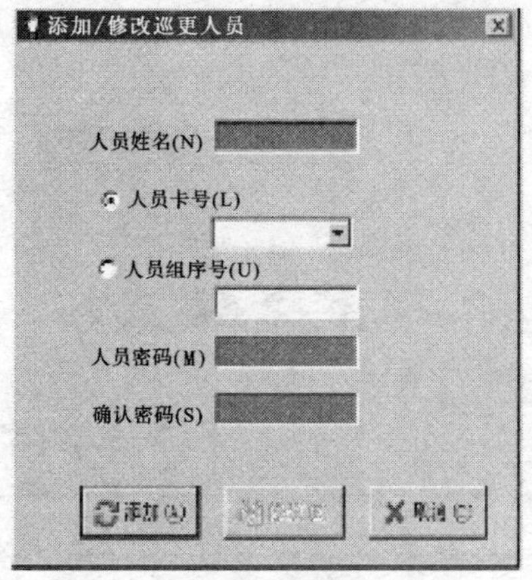

图 1—67　添加/修改巡更人员

2. 设置巡更地点

（1）登录系统

1）运行“开始”⟶“程序”⟶“Patrol”中的图标“Look”或“REC2001 巡更系统”，屏幕上出现登录界面。

2）在“操作员名称”处输入“administrator”，“操作员密码”处为空，按下“确认”键，进入系统。

（2）添加/修改巡更地点

1）在菜单上，选择“系统设置”⟶“巡更地点”，系统将弹出设置窗口（见图 1—68）。

2）选择“插入/修改”按钮，在弹出的对话框内依次填入“地点名称”“地点卡号”等内容，然后按下“添加”键或“修改”键（见图 1—69）。

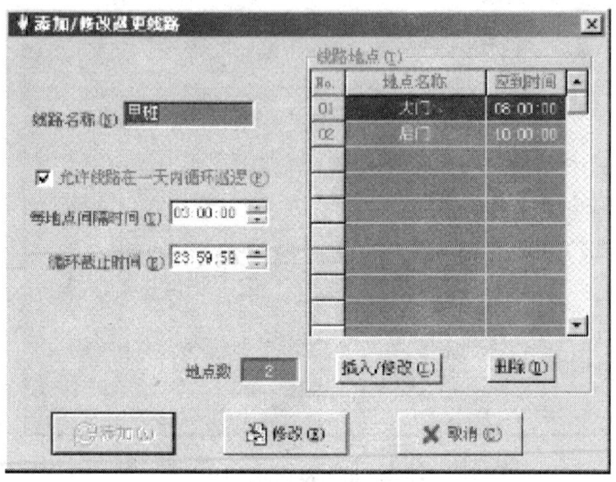

图 1—68　添加/修改巡更线路

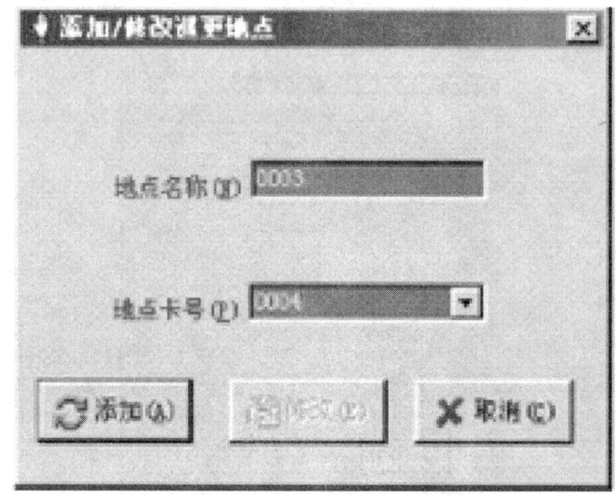

图 1—69　添加/修改巡更地点

四、评分标准

内容	要求	配分	评分标准	扣分	得分
REC巡更系统软件的使用	正确操作巡更人员设置功能	50	1. 不能正确进入设置界面，每次扣 20 分 2. 设置内容不符合要求，每错一次扣 10 分		
	正确操作巡更地点设置功能	50	1. 不能正确进入设置界面，每次扣 20 分 2. 设置内容不符合要求，每错一次扣 10 分		

总分：__________

模 块 二

停车场系统

随着汽车保有量的增多，大型的建筑物一般都建有汽车停车场，对进出停车场的车辆进行高效、科学的管理，可以提高停车场管理的质量、效益和安全性。

停车场系统主要有停放车和管理两项功能：停放车系统主要由车库停放情况信息和车库指引系统两个部分组成；管理（停车收费）系统主要由入口控制、出口控制和管理中心等部分组成。

停车场系统的组成如下所示：

- 停车场系统
  - 车位显示与引导系统：显示车位利用情况，引导车辆行驶和停放
  - 管理系统
    - 车辆出入的检测与控制系统：满足条件时，允许车辆入场或放行
    - 图像对比系统：车辆保安设备
    - 计时收费管理系统：有自动收费和人工收费等形式

课题一　停车场车位显示与引导系统

1. 了解停车场车位显示与引导系统的功能及组成。
2. 熟悉主要设备的外形和作用。
3. 自制一个简易的车位探测器。

车位引导系统是能够引导车辆顺利进入目的车位的指示系统。一般情况是指在停车场引导车辆停入空车位的智能停车引导系统，由计算机系统对车位进行检测，通过显示屏显示空车位信息，司机通过该信息，实现轻松停车。

一、停车场车位显示与引导系统的组成

1. 结构示意图

该系统可以使司机方便、快捷地停车，使停车场管理更加规范、有序，从而提高停车位的利用率。如图 2—1 所示，该系统由三部分构成，第一部分为数据采集系统，主要由超声波车位探测器和采集控制器构成；第二部分为控制处理系统，主要由各种控制器和计算机组成，其功能是对采集的数据进行分析，并在相应的输出设备上显示；第三部分是输出显示系统，主要由各种显示屏和引导屏组成。

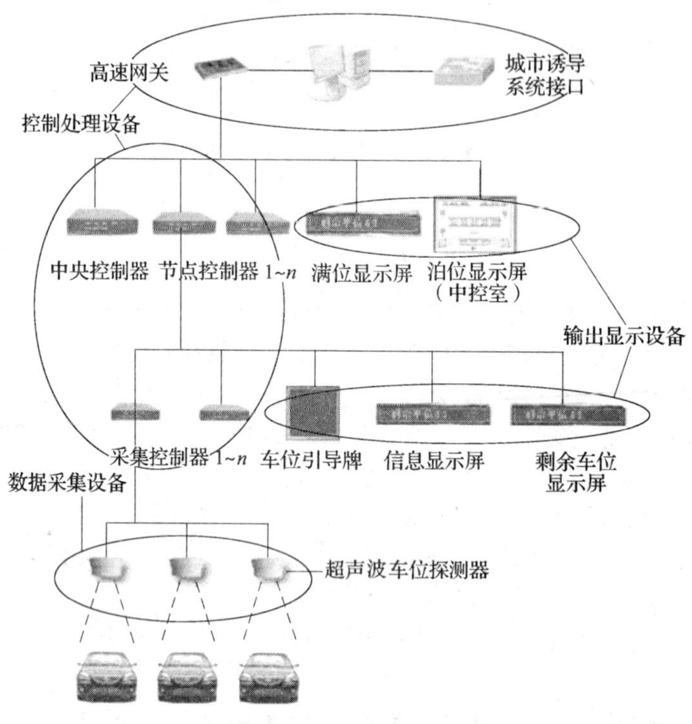

图 2—1　停车场车位显示与引导系统结构图

2. 主要设备

（1）车位探测器

车位探测器的作用是对每个车位的占用或空闲状况进行可靠的检测，有超声波车位探测器、红外车位探测器和地感线圈探测器等类型，其中以超声波车位探测器为最常用。

1）超声波车位探测器。超声波车位探测器（见图 2—2）通过向下发出超声波来测量反射面到超声波车位探测器的距离，然后判断车位上是否有车，并将数据上传到采集控制器。

2）红外车位探测器。红外车位探测器（见图 2—3）通过红外发射器产生一束红外线，利用红外线光束被车辆遮挡或反射的情况，来判断车位上有无车辆。

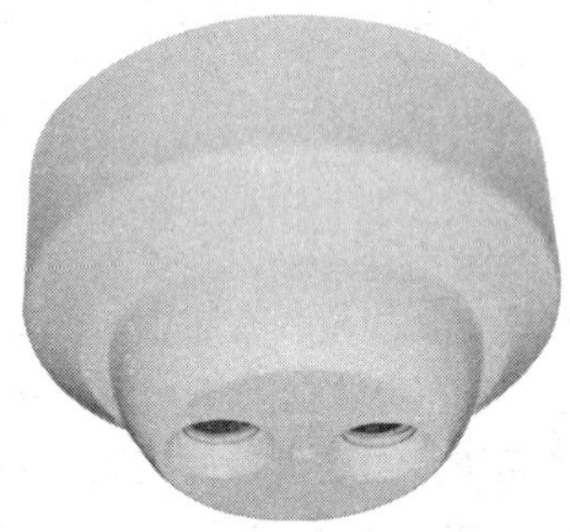

图 2—2　超声波车位探测器

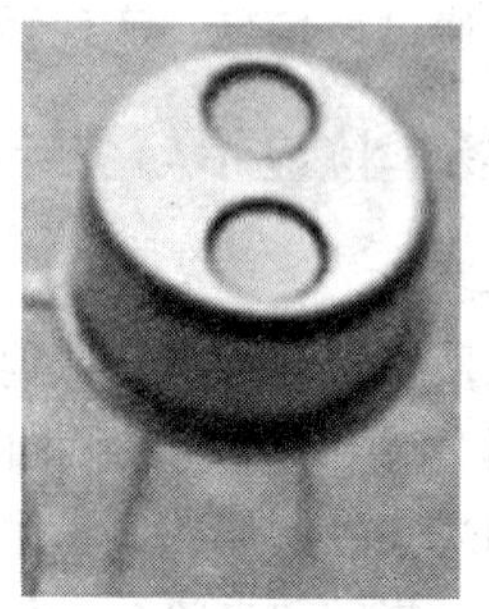

图 2—3　红外车位探测器

3）地感线圈探测器。地感线圈探测器（见图 2—4）与地感线圈（见图 2—5）配合使用，地感线圈感应到车位上车辆进出的变化，并将数据传导到探测器，从而判断停车位上有无车辆停放。

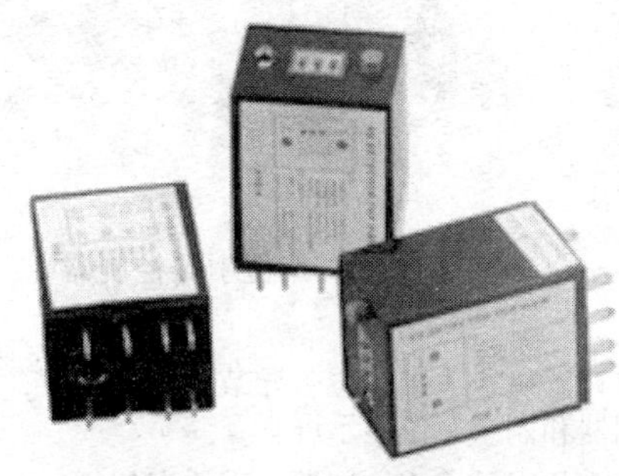

图 2—4　地感线圈探测器

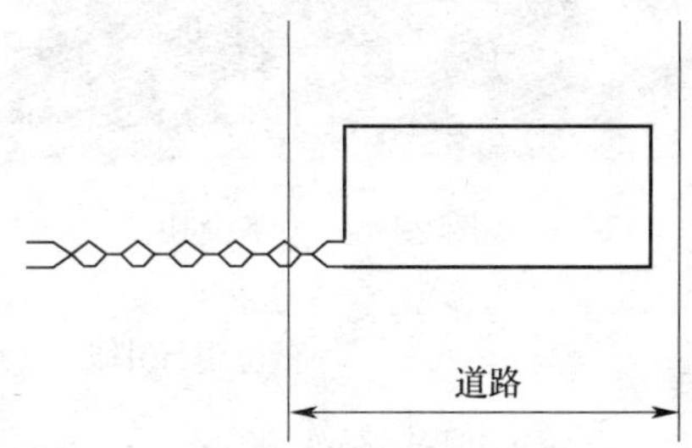

图 2—5　地感线圈

（2）车位信息采集控制器

车位信息采集控制器的主要作用包括两方面：一是采集超声波车位探测器的信息，判断车辆行驶的方向，并且进行加减运算；二是驱动车位信息显示屏，使其显示停车场车位信息，其外形如图 2—6 所示，内部结构如图 2—7、图 2—8 所示。

图 2—6　车位信息采集控制器箱体

（3）车位引导控制器

车位引导控制器（见图 2—9）主要是对采集的数据进行分析、处理，并将数据信息通过显示屏进行发布。

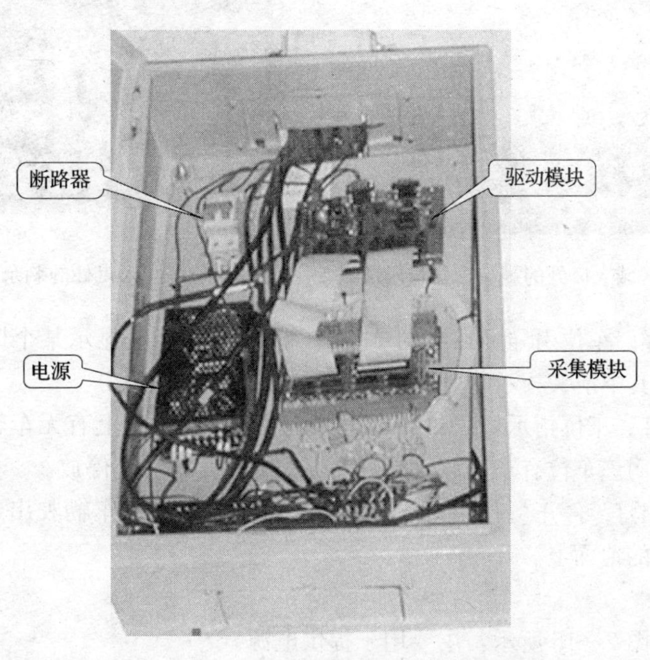

图 2—7　车位信息采集控制器内部结构

图 2—8　采集模块

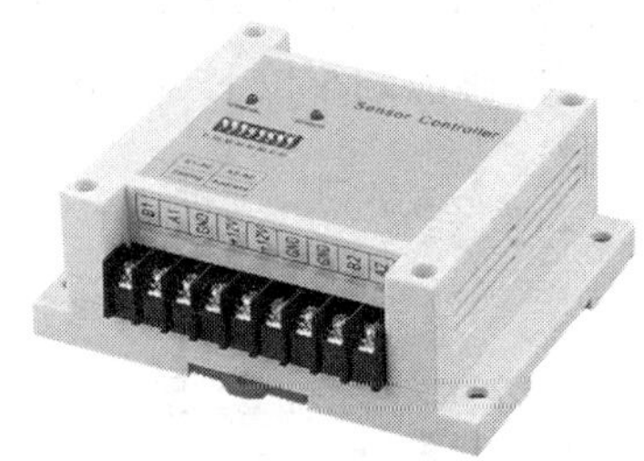

图 2—9　车位引导控制器

车位引导控制器
- 车位引导中央控制器：上连计算机，下连车位引导节点控制器和剩余车位显示屏
- 车位引导节点控制器：上连车位引导中央控制器，下连车位探测器和车位引导屏

其中，车位引导节点控制器的主要作用是解决长距离通信不可靠、网络节点扩展和分组管理问题。

（4）车位输出显示部分

车位输出显示部分主要有车位显示、车位引导或车位指示等功能，常用的有以下几种类型。

1）剩余车位显示屏。剩余车位显示屏（见图 2—10、图 2—11）一般立于停车场主入口处，显示停车场总剩余车位数信息。为了方便管理和使用，大、中型停车场一般都有多个停车区域，区域引导屏就设置在各区域的出入口。

图 2—10　区域入口处的剩余车位显示屏

图 2—11　主入口处的剩余车位显示屏

2）车位引导屏。车位引导屏（见图 2—12）的主要功能是显示某个区域剩余车位并引导车辆行驶方向，其中箭头指示行驶方向，数据显示剩余车位。

3）车位指示灯。车位指示灯（见图 2—13）用于显示车位上有无车辆停放，设置在车位上，红灯亮，表明该车位有车停放；绿灯亮，表明该车位无车停放。

4）停车场指引灯。停车场指引灯（见图 2—14）用于指引车辆驶出、驶入停车场，常埋在车辆公用通道的地面上。

（5）电源箱

电源箱外形如图 2—15 所示，主要用于提供电源。

（6）车辆检测装置

图 2—12　车位引导屏

图 2—13　车位指示灯

图 2—14　停车场指引灯

图 2—15　电源箱

车辆检测装置又称为车辆检测器（见图 2—17），用于检测通过各停车区域入口处的汽车数量，为车辆合理停放提供科学依据。按照工作原理，车辆检测器可分为红外车辆检测器（见图 2—16）、数字式感应线圈车辆检测器（见图 2—17）等，其中，最为常见的是红外车辆检测器。

图 2—16　红外车辆检测器

图 2—17　数字式感应线圈车辆检测器

红外车辆检测器通常设置在停车场出入口，对驶进、驶出的车辆进行统计。有车辆出入时，车身遮挡红外线，检测器中的传感器感应到红外线信号的变化，控制计数器进行加 1 或减 1 运算，统计出入车辆数量。

二、车位探测器、车辆检测器和车位引导系统的工作原理

1. 车位探测器的工作原理

(1) 超声波车位探测器的工作原理

超声波车位探测器是利用超声波测距原理制作而成，超声波发射器产生的超声波信号通过探头发射出去，并通过反射面（地面或车顶）反射回来，被另一个探头接收，再经过放大、整形、计算和判断，输出给车位信息采集控制器。当车位上无车时，发射的超声波被地面反射回来，距离较长；当车位上有车时，发射的超声波被车顶反射回来，距离较短。这样，就可以通过反射距离的长短确定车位上有无车辆停放，如图 2—18 所示。

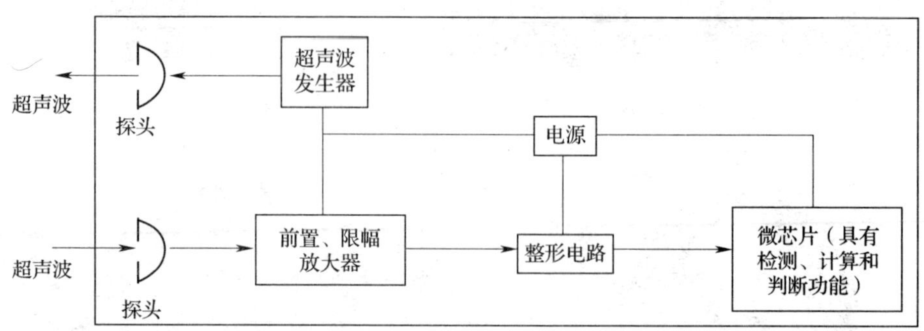

图 2—18　超声波车位探测器工作原理图

（2）地感线圈探测器的工作原理

环形地感线圈埋设于地下，线圈中通过一定的交流电，线圈周围就会产生一个电磁波信号。当有车辆经过时，汽车底盘就会吸收电磁波信号使耦合电路停止振荡，通过整形和放大后输出一个检测信号，如图 2—19 所示。

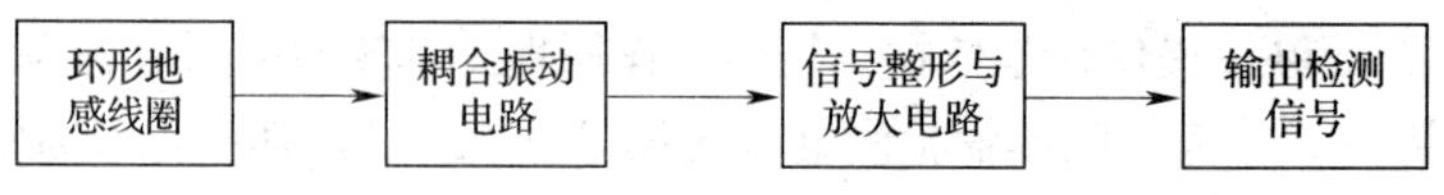

图 2—19　地感线圈车位探测器工作原理图

2. 红外车辆检测器的工作原理

如图 2—20 所示，由调制脉冲发射器产生调制脉冲，经过红外线发射管向道路上辐射，当有车辆经过时，红外调制脉冲由车辆反射到红外线接收管中，经解调器解调后，通过选通、放大、整流，最后由驱动电路输出一个检测信号。

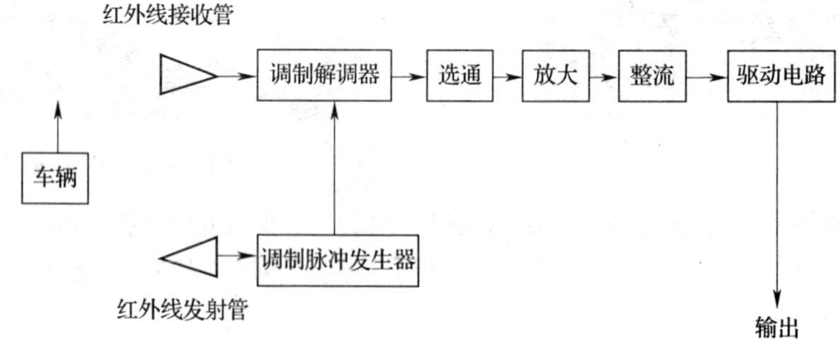

图 2—20　红外车辆检测器电路框图

3. 车位引导系统的工作原理

车位引导系统的工作原理如图 2—21 所示。

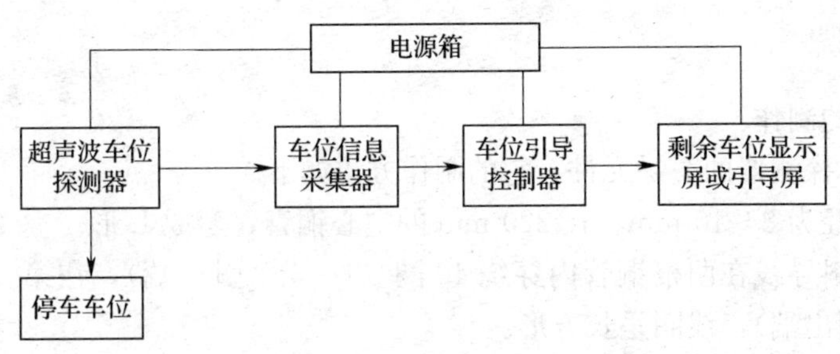

图 2—21　车位引导系统的工作原理图

先由超声波探测器探测停车位上是否停有车辆，然后将停放车辆信息传送到车位信息采集器存储，再由车位信息采集器将采集到的信号传送给车位引导控制器，由车位引导控制器进行数据分析和处理，最后，将车位信息传送到显示屏或引导屏上，显示各区域车辆停放信息。

当驾驶员驾车驶入停车库入口处时，可以通过剩余车位显示屏查看各区域车辆停放情况，然后驾驶员可以根据各区域车辆停放情况和自己的喜好，方便快捷地找到停车区域，并在车位引导屏的引导下找到合适的停车位。车辆停好后，红色车位指示灯亮（无车时，绿色车位指示灯亮）。

剩余车位显示屏和车位引导屏的信息会根据车辆出入的情况随时更新。

一、实训内容

车位探测器的制作。

二、实训器材

实训器材见表 2—1。

表 2—1　　实训器材明细表

名称		型号或参数
工具	电烙铁	25 W 或 40 W 一把
	剪线钳、小刀等	一套
信号接收设备	调谐半导体收音机	一台
材料	空心铜管	直径为 8～10 mm，长 220 mm 两根
	三极管	3DG6 一只
	电阻	4.7 kΩ、1 kΩ、5.6 kΩ 各一只
	电容	100 μF、4 700 pF 各一只，0.01 μF 两只
	电源	一号电池两节

三、实训步骤

1. 探测线圈的制作

探测线圈是本探测器的关键元件，它的制作方法如下。

1）选两根直径为 8～10 mm、长 220 mm 的空心铜管，弯成 L 形。

2）用单股塑料导线在两根铜管内穿绕 40 圈（1～3 个引出端），在第 24 圈处引出一个中间抽头（即 2 引出端），线圈呈长方形。

3）在两个铜管连接处应留有 3 mm 的缝隙（方便导线引出），并用绝缘物隔开。

4）两根铜管都要可靠接地。

2. 探测器电路的焊接

按照电路图焊接电路。

地感线圈探测器电路图如图 2—22 所示，其中，T 表明线圈的圈数，1、2、3 是地感线圈的三个引出端，收音机的作用相当于车位信息采集器和车位节点控制器，而且采用的是无线连接方式。

本机采用的是电感三点式振荡器。振荡频率由 C1 调节，可在 1～1.6 MHz 范围内选择。

合上开关后，该探测线圈将会产生一定频率（f_1）的电磁波信号；当该车位上停有汽车时，在汽车金属底座上将会产生涡流，这将使探测线圈的电感量略有下降，探测器频率随之略有升高。

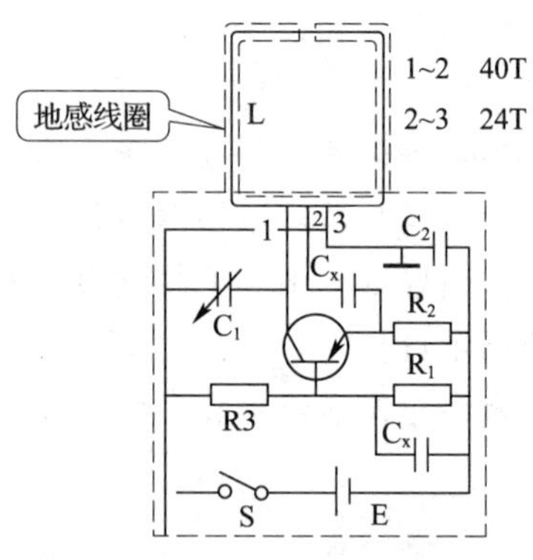

图 2—22 地感线圈探测器电路图

3. 车位探测器的调试

将作为接收器的收音机（相当于车位信号采集器）调到某一频率（f_1）上（和电磁线圈产生的电磁波信号同频率），这时，收音机将接收到的变化后的频率信号（因为有停车）与固有频率（f_1）相混频，将混频后的差拍信号通过扬声器或耳机（相当于剩余车位显示屏）输出，提示该车位上有车辆停放。

具体调试步骤如下：

1）接收设备（相当于车位信号采集控制器）为一台调谐半导体收音机。

2）在停车位上没有车辆时，调整收音机调谐旋钮直到能听到清晰的播音声。

3）在停车位上停放车辆时，调整车位探测器的可调电容器 C1，当收音机里播音声被啸叫声所覆盖时，调试完毕。

4）通过收听半导体收音机发出的声音，就可以判断停车位上是否有车辆停放；能听到播音员的声音时，停车位上无车停放；只能听到啸叫声时，停车位上有车停放。

4. 地感线圈施工规范

（1）线圈材料

地感线圈对材料没有特殊要求，一般采用直径 1.00 mm 以上的高温软导线。

（2）线圈形状

线圈形状一般为矩形或平行四边形。

（3）线圈的匝数

为了使检测器工作在最佳状态下，地感线圈的电感量一般保持在 100～300 mH。在保持电感量不变的情况下，线圈的匝数和周长就显得尤为重要。

表 2—2 是线圈周长与线圈匝数的关系。

表 2—2　　线圈周长与线圈匝数的关系

线圈周长	线圈匝数
3 m 以下	根据实际情况，保持电感值在 100～300 mH 即可
3～6 m	5～6 匝
6～10 m	4～5 匝
10～25 m	3 匝
25 m 以上	2 匝

(4) 埋设方法

在水泥路面用切割机切出 4～8 mm 宽，30～50 mm 深的布线槽。线槽的四个角要做成 45°倒角。

四、评分标准

内容	要求	配分	评分标准	扣分	得分
探测线圈的制作	按照工艺尺寸要求，正确制作线圈	20	形状、尺寸、规格不符合要求，每处扣 5 分		
探测器电路的焊接	正确识读电路图，焊接操作符合工艺要求	50	不按安全生产规程操作扣 2 分；焊点不合格，每处扣 5 分；焊接完成后，不清洁的扣 10 分		
车位探测器的调试	正确进行调试，会分析工作原理	30	调试方法和步骤错一步扣 5 分，调试结果不理想扣 10 分		

总分：________

课题二　停车场管理系统

1. 了解停车场管理系统的功能及组成。
2. 熟悉停车场管理系统主要设备的外形、操作和作用。
3. 掌握停车场管理系统的简单安装，会看系统功能原理图。
4. 会使用停车场管理系统软件设置收费标准，监视收费信息和车辆出入信息。
5. 会分析与排除停车场管理系统的简单故障。

停车场管理系统是停车场系统的另外一个重要的子系统，它主要提供停车场的出入口控制、计时收费和图像抓拍等功能，为停车场的有序管理提供方便。

一、停车场管理系统的主要功能

1. 停车场出入口控制功能（包括部分计时收费功能）

（1）驶入放行功能

驶入放行流程示意图如图 2—23 所示。

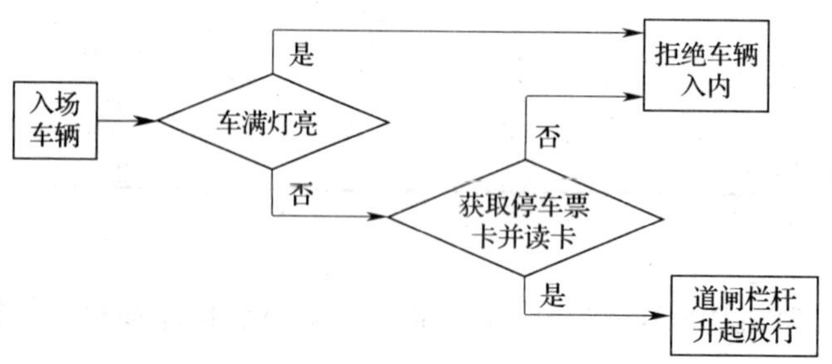

图 2—23　驶入放行流程示意图

（2）驶出放行功能

驶出放行流程示意图如图 2—24 所示。

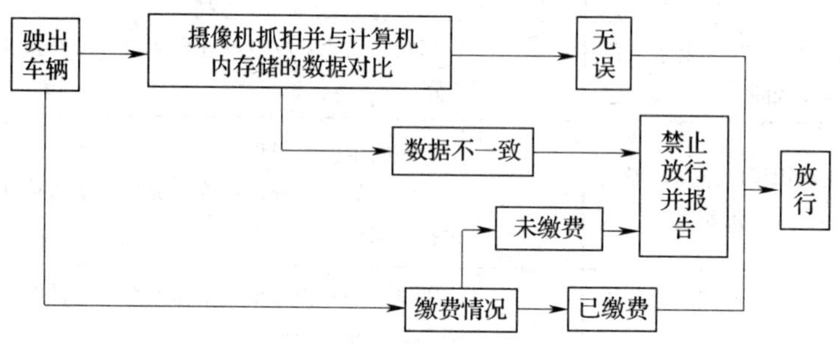

图 2—24　驶出放行流程示意图

2. 计时收费功能

以手持式 POS 收银机为例进行说明，如图 2—25 所示。

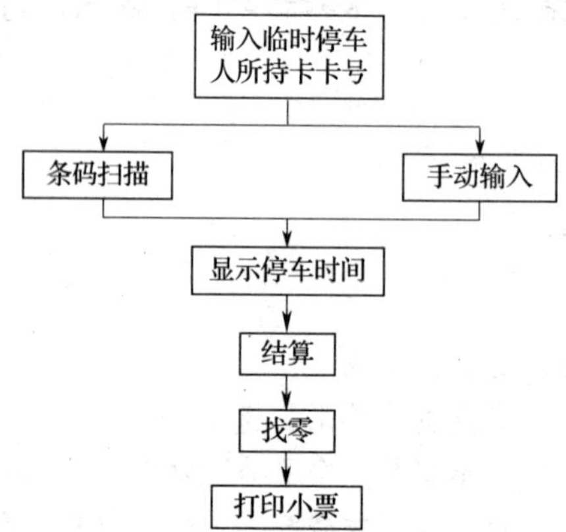

图 2—25　计时收费流程示意图

3. 图像抓拍功能

（1）录像功能（驶入时）

录像流程示意图如图 2—26 所示。

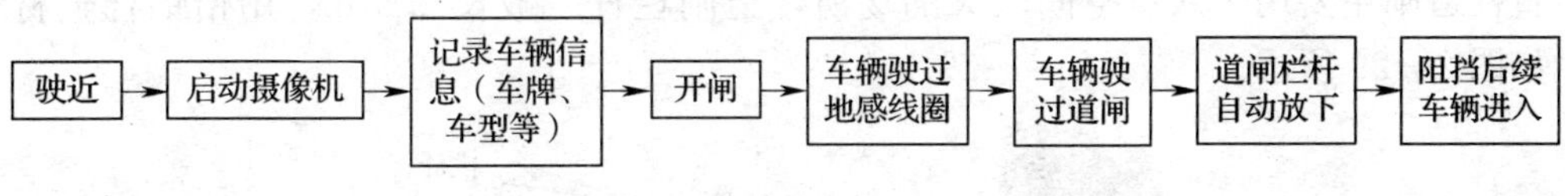

图 2—26　录像流程示意图

（2）图像对比功能（驶出时）

图像对比流程示意图如图 2—27 所示。

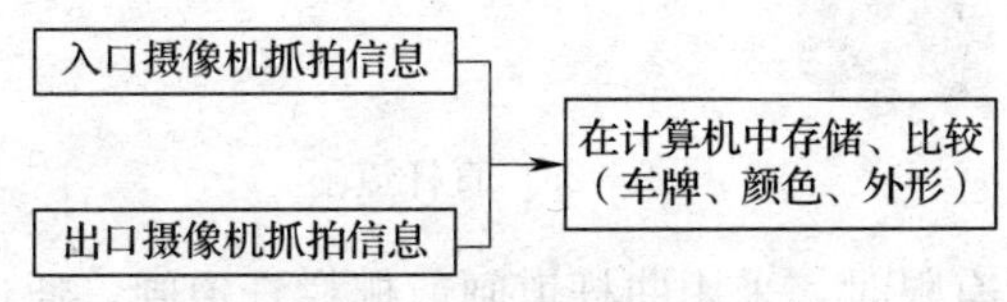

图 2—27　图像对比流程示意图

二、停车场管理系统的主要设备

1. 入口系统

入口系统的主要设备有发卡器（或读卡器）、道闸、车辆感知器、摄像机和照明指引灯等。

（1）发卡机（入口控制机）

发卡机（见图 2—28）是入口处的关键设备之一，按下绿色键发磁卡，将入场信息（年、月、日、时、分）存储在磁卡中，然后放行。按下红色键可以和管理中心通话。在使用中，将有效票据或磁卡靠近读卡区，经检测满足放行条件后，可自动放行车辆。

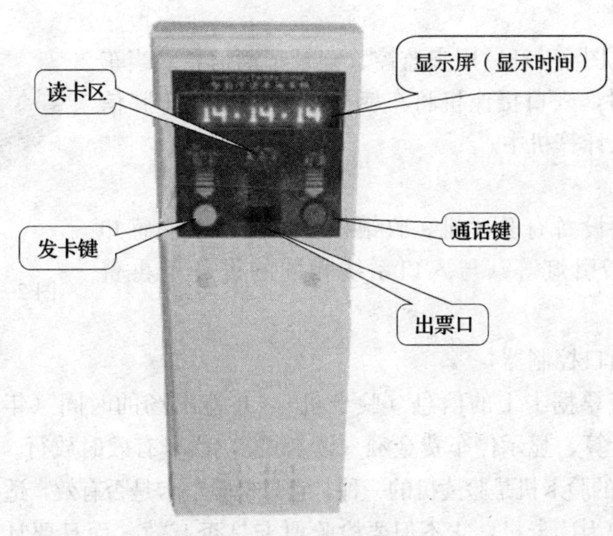

图 2—28　发卡机

(2）道闸

道闸是车辆放行设备，与发卡机联动，用于放行车辆。如果道闸栏杆遇到冲撞，会立刻发出报警信号。

直杆道闸主要用于入口空间较大的场所，道闸栏杆一般长 2.5 m，用铅铝合金材料制成，如图 2—29 所示。

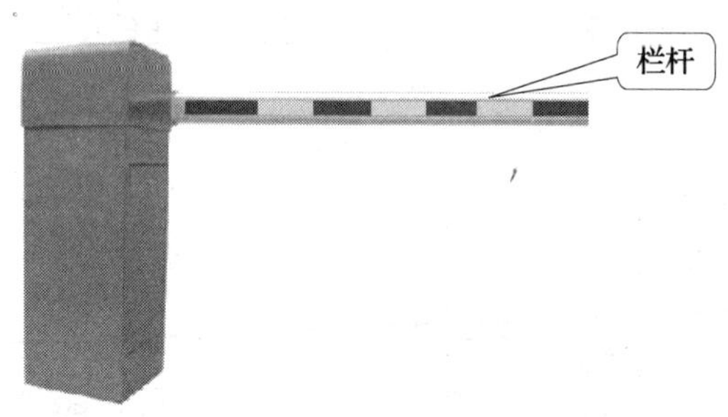

图 2—29　直杆道闸

当停车场入口处高度有限时，采用曲杆道闸或栅栏杆道闸，通过将栏杆制造成折线状或伸缩状，可以减小栏杆升起的高度，如图 2—30、图 2—31 所示。

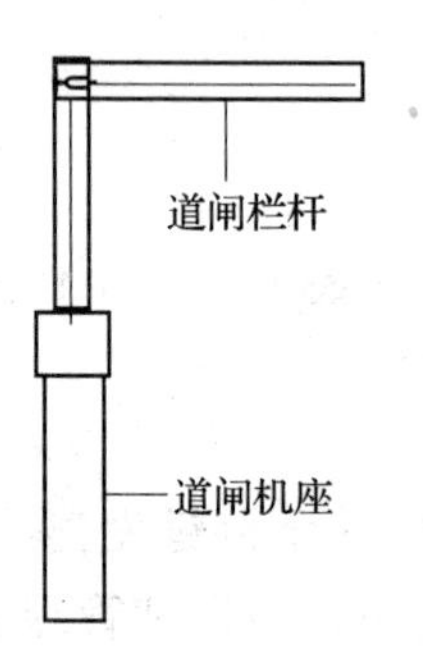

图 2—30　曲杆道闸

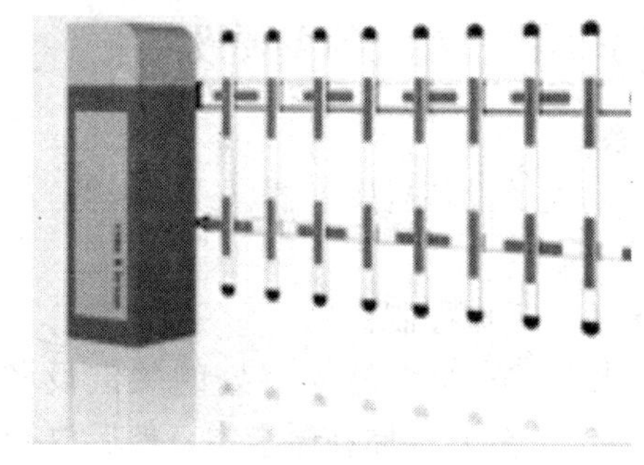

图 2—31　栅栏杆道闸

(3）入口摄像机

入口摄像机（见图 2—32）用来监控、记录车辆信息。当车辆驶入停车场入口时，入口摄像机将车辆外形、色彩与车牌信息拍摄下来，并存入计算机中。

图 2—32　云台式摄像机

2. 出口系统

出口系统的主要设备有验读机、收银机、道闸、车辆感知器、摄像机和照明指引灯等（与入口系统相同的设备不再赘述）。

(1）验读机（出口控制器）

验读机用于检查票据卡上的信息（验卡机），并将出场的时间（年、月、日、时、分）打入票据卡，同时计算、显示停车费金额（读卡机），票卡有效时放行。

如图 2—33 所示的验卡机是验读机的一种，它只检验票卡是否有效，适用于停车位租用人。

图 2—34 所示的为读卡机，它不但要检验票卡是否有效，而且要计算、显示付费金额，并扣除或收取，主要适用于临时停车人和短期租用停车人。

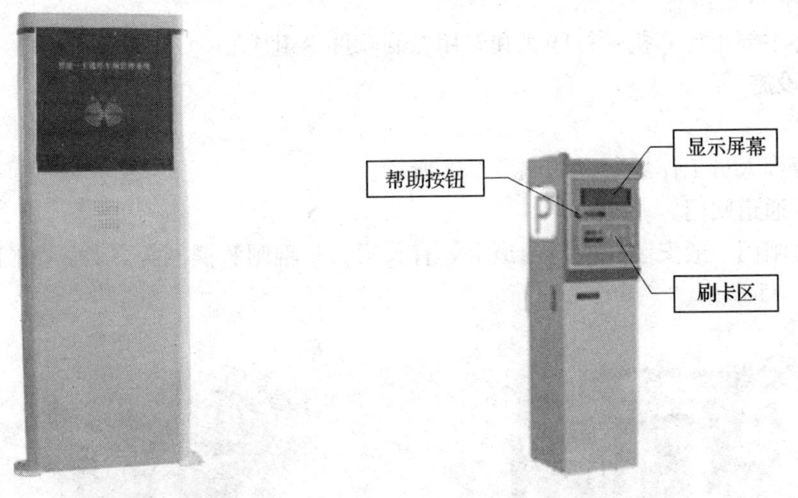

图 2—33　验卡机　　　　图 2—34　读卡机

(2) 收银机

收银机（见图 2—35、图 2—36）用于停车场人工收费，由出口收费员手持读票器扫描票据上的条形码信息（入场年、月、日、时、分），并计算付费金额，显示在显示屏上。付费后，道闸打开给车辆放行。

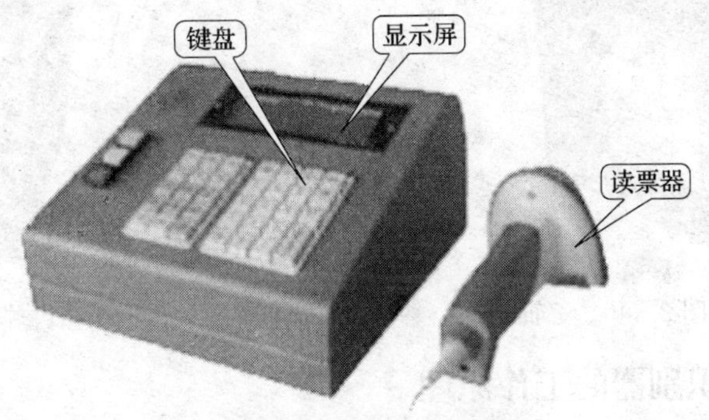

图 2—35　POS 收银机

(3) 车牌图像识别器

车牌图像识别器（见图 2—37）是防止偷车事故发生的保安设备，出口摄像机将车辆的外形、色彩和车牌拍摄下来，并输入计算机内与事先存入的车辆入场图像（进入停车场时车辆的外形、色彩和车牌）、驾车人所持的票据相比较，若两者相符合即可放行，不符合则报警。

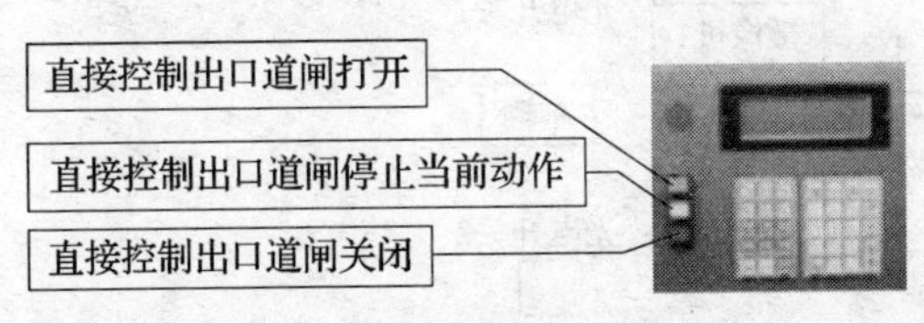

图 2—36　收银机面板

图 2—37　车牌图像识别器

3. 管理中心

管理中心主要由计算机、打印机和专用控制软件等组成。

4. 其他设施

（1）岗亭

岗亭是管理人员工作场所，如图 2—38 所示。

（2）人行通道闸门

人行通道闸门一般安装在人行通道上，有翼闸、三辊闸和摆闸等多种，如图 2—39、图 2—40、图 2—41 所示。

图 2—38 岗亭

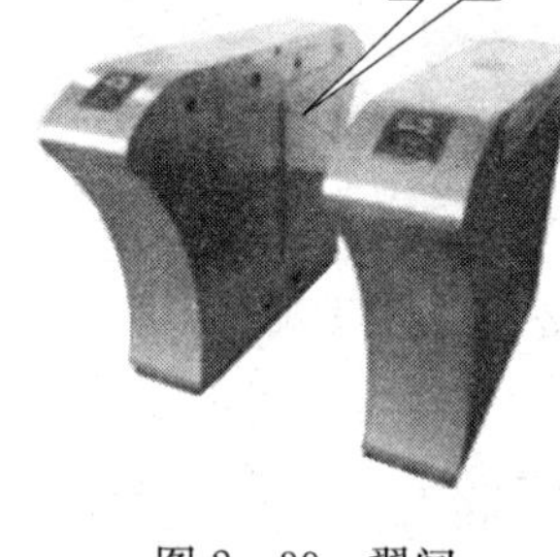

图 2—39 翼闸

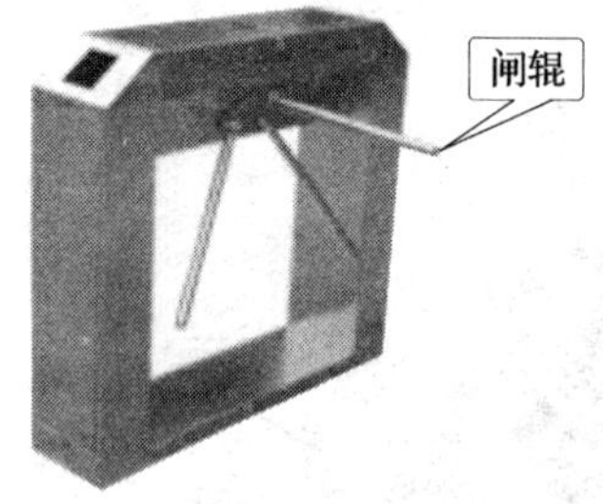

图 2—40 三辊闸

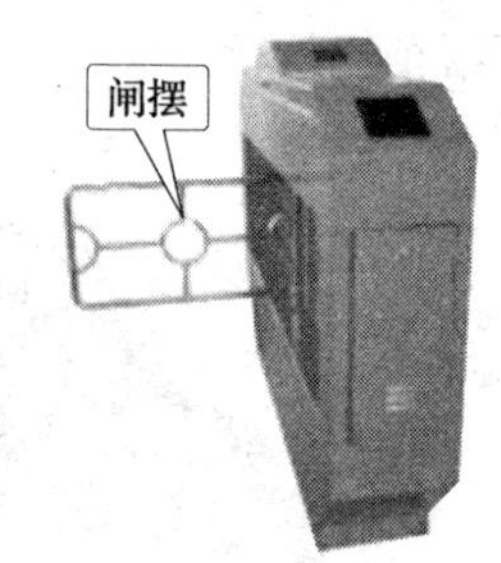

图 2—41 摆闸

三、车牌图像识别器的工作原理

如图 2—42 所示，当车辆驶近光电开关 1（停车场入口）时，计算机获得信号，启动摄像机 1 进行抓拍（车牌、颜色、外形）并将拍到的图像通过图像采集卡存入计算机中；当车辆驶近光电开关 2（停车场出口）时，计算机再次获得信号，启动摄像机 2 进行抓拍（车牌、颜色、外形）并将拍到的图像通过图像采集卡送入计算机中，与原来存入的图像信息相比较，相同则放行。

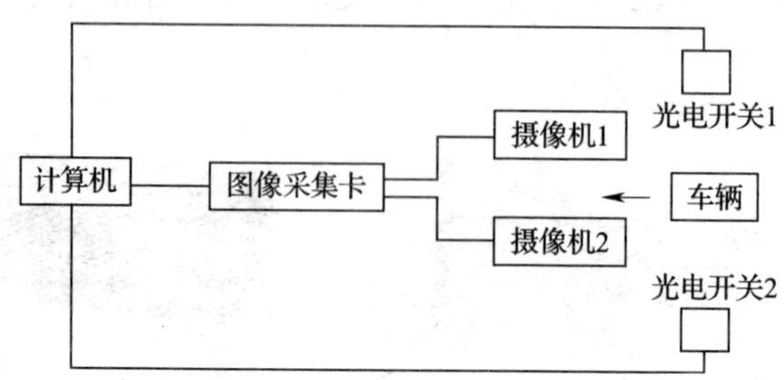

图 2—42 车牌图像识别系统结构图

四、系统布置图

按出入口的不同，停车场管理系统可分为出入同口停车场管理系统和出入不同口停车场管理系统两种。

1. 停车场的分类（按出入口）

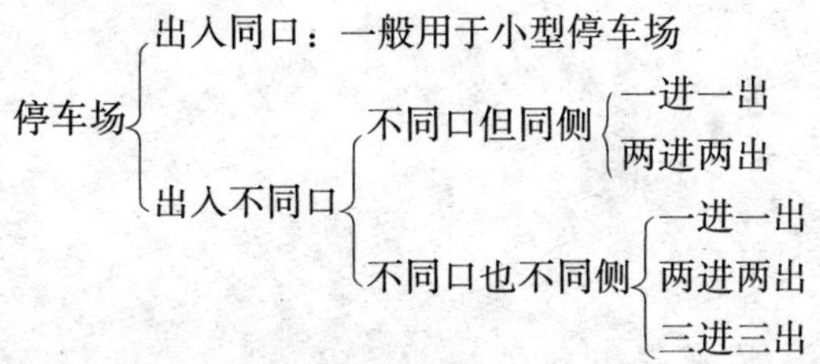

其中，一进一出和两进两出两种形式最为常见。

在有图像对比的系统中，一台计算机最多能控制两进两出；在无图像对比的系统中，一台计算机最多能控制三进三出。

2. 停车场出入口平面结构图

（1）单通道（出入同口）平面结构图

该停车场出入同口，用于小型停车场，如图 2—43 所示。

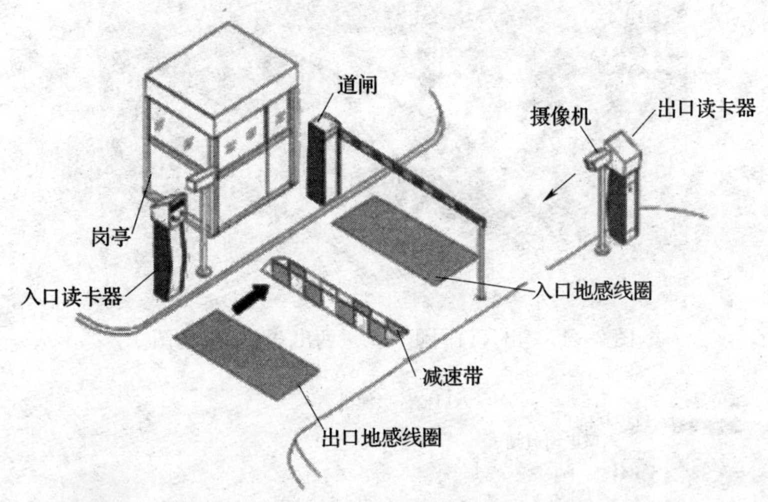

图 2—43　一进一出单道闸式安装布置图

（2）出入口同侧平面结构图

1）一进一出平面结构图。如图 2—44 所示，该停车场有一个车辆进口，一个车辆出口，多为中、小型停车场。.

2）两进两出平面结构图。如图 2—45 所示，该停车场有两个车辆进口，两个车辆出口，多为大型停车场。

（3）出入口不同侧平面结构图

1）一进一出平面结构图。如图 2—46 所示，该停车场有一个车辆进口，一个车辆出口，多为中、小型停车场。

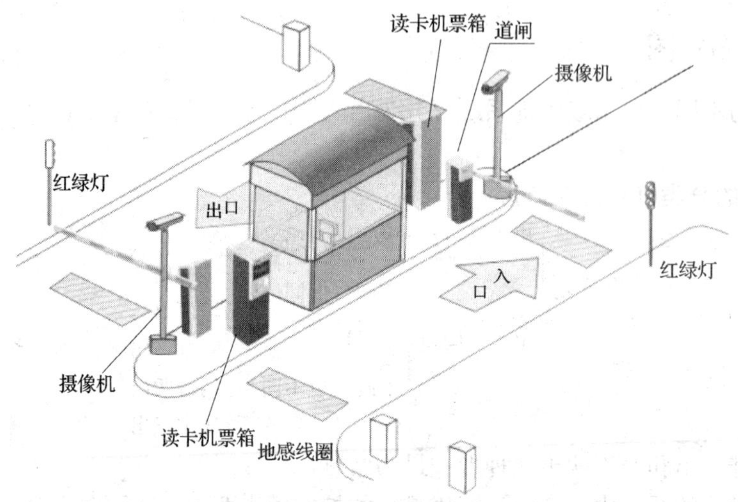

图 2—44　出入口同侧（一进一出）平面结构图

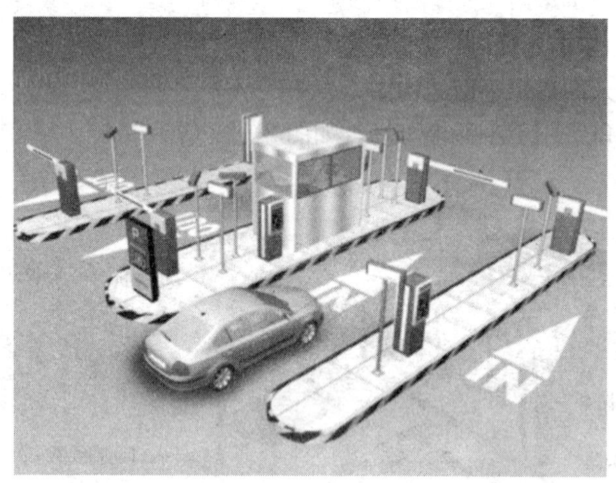
图 2—45　出入口同侧（两进两出）平面结构图

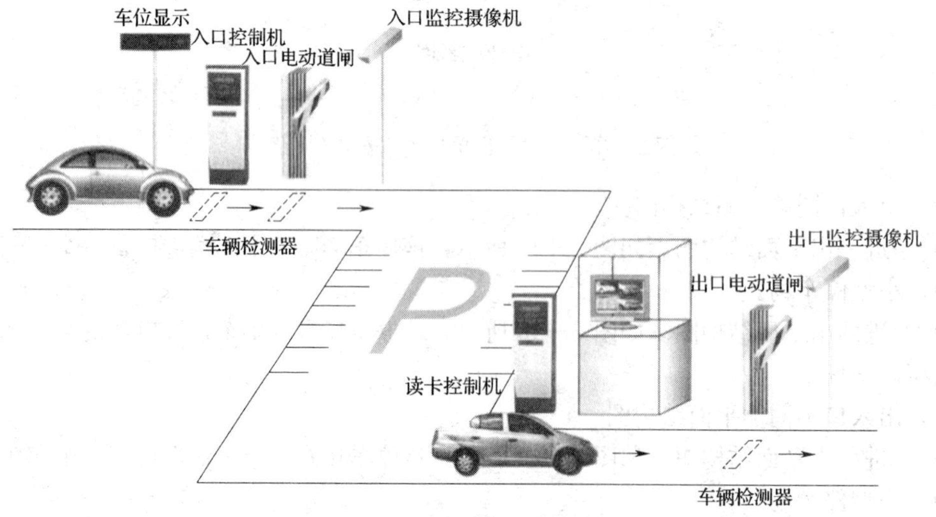

图 2—46　出入口不同侧（一进一出）平面结构图

2）两进两出平面结构图。如图 2—47 所示，该停车场有两个车辆进口，两个车辆出口，多为大型停车场。

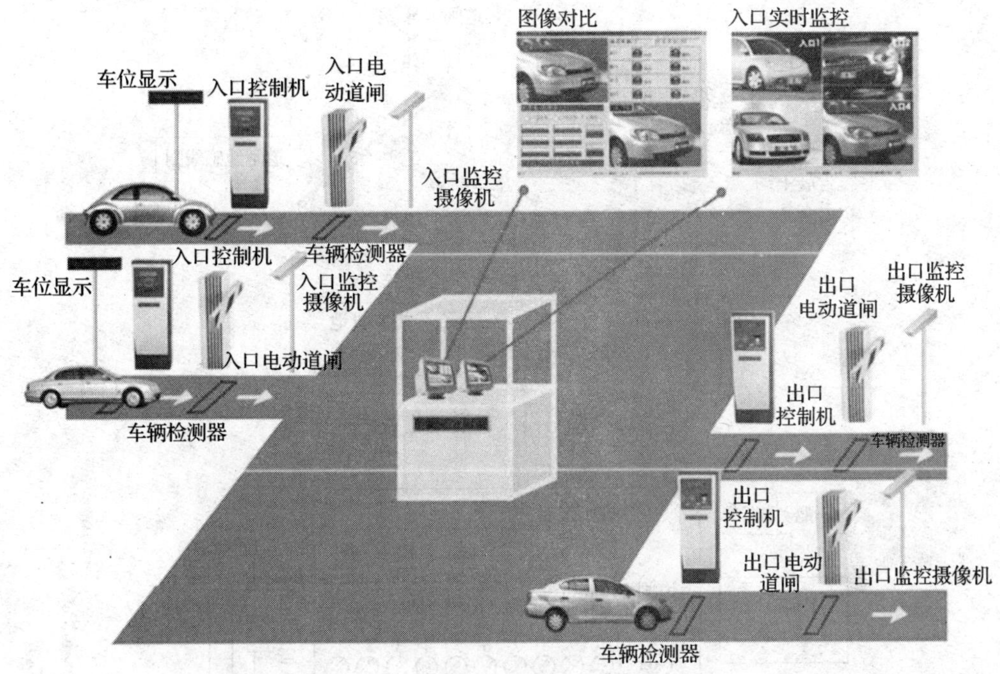

图 2—47　出入口不同侧（两进两出）平面结构图

五、停车场系统的安装

1. 读卡器（出入口控制机）底座安装图

读卡器底座用四个膨胀螺栓固定在安全岛相应位置上（见图 2—48）。

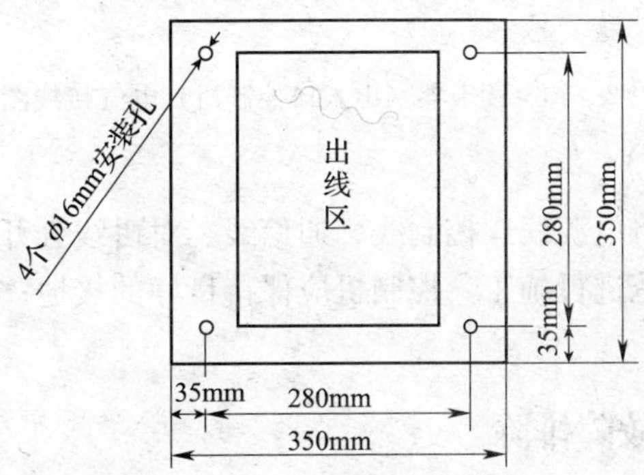

图 2—48　读卡器（出入口控制机）底座安装位置布置图

2. 出入口设备位置图

出入口设备位置如图 2—49 所示。

3. 读卡器（出入口控制机）电气接线图

读卡器（出入口控制机）电气接线图如图 2—50 所示。

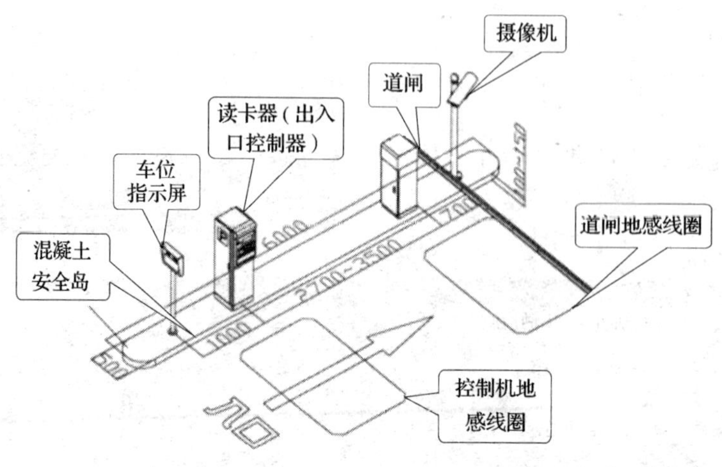

图 2—49　出入口设备位置图

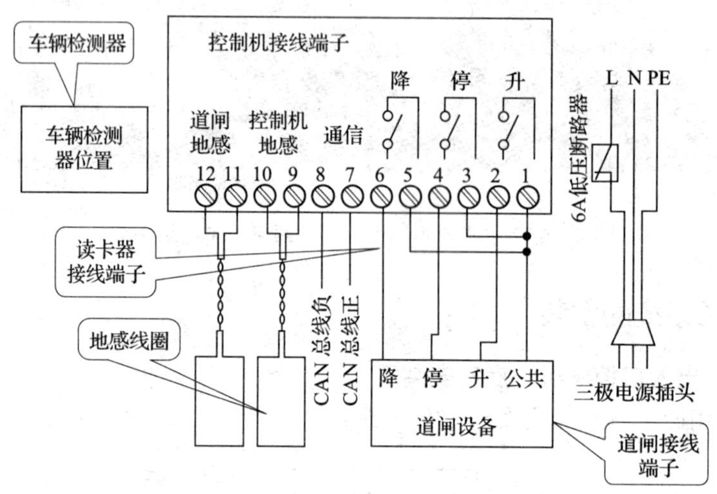

图 2—50　读卡器（出入口控制机）电气接线图

4. 安装注意事项

安装控制机时一定要将电源线、控制线、通信线、对讲线分开布设在不同的线管中，严格按强弱电分开布设的规范进行施工。控制机应保持良好的接地；另外，通信线的屏蔽层也应可靠接地。

六、系统的维护和故障排除

1. 系统的保养与维护

（1）硬件的保养与维护

1）定期用软毛刷扫除发卡机、收卡机、控制机内散热风扇、电路板等处的灰尘；同时，对车位显示屏和满位灯箱等配套设备也要定期除尘。

2）定期检查散热风扇的好坏，保障良好的通风散热条件。

3）定期检查设备接地是否良好，保障设备安全运行。

（2）软件的保养与维护

1）定期对数据库进行备份，防止数据丢失。

2）定期对数据库进行归档整理，以提高查询、统计速度。

3）不得随意更改、删除管理软件目录下的所有文件。

2. 故障排除

软件及硬件故障排除见表 2—3、表 2—4。

表 2—3　　软件故障排除

故障现象	引起原因	排除方法
出入口不能进行图像对比或查询时图像调不出来	1. 图像保存路径不正确 2. 图像保存路径过长 3. 出入口共用一个摄像机	1. 重新设置图像路径参数 2. 重新设置图像对比功能
不能登录软件	1. 网络连接存在问题 2. 文件设置存在问题 3. 软件安装包存在问题	1. 检查网络连接是否异常 2. 检查登录名、登录密码是否正确 3. 重新安装软件包
登录系统时提示“系统菜单有变动，请把［操作员表］与［权限表］清空”	数据库脚本存在问题	检查数据库脚本是否运行
软件运行时出现“××存储过程或表未找到”	数据库脚本不完整	重新输入数据库脚本

表 2—4　　硬件故障排除

故障现象	引起原因	排除方法
通信不通	1. 机号设置不正确 2. 管理软件通信端口设置不正确 3. RS485 通信卡损坏 4. 通信线路存在故障或串扰 5. 控制机存在问题 6. 计算机串口有问题 7. 管理软件的通信控件有问题	1. 检查机号设置是否正确、跳线接触是否良好、通信端口设置是否正确 2. 检查计算机和控制机之间通信线有无短路、断路现象；RS485 有无电源（5 V） 3. 检查控制机主板是否损坏
无图像	1. 摄像机部分功能损坏 2. 视频线接线错误 3. 视频捕捉卡损坏或驱动程序有问题 4. 软件设置有问题	1. 用性能完好的摄像机、视频线替换认为有问题的摄像机、视频线 2. 当计算机显示检测不到视频捕捉卡时，将该卡拆下并安装在另一台计算机上，如果还检测不出来，说明视频捕捉卡损坏 3. 查看视频捕捉卡安装程序有无问题，有问题重新安装相关程序

续表

故障现象	引起原因	排除方法
进入在线监控提示“没有找到车位显示硬件或通信不通”	1. 通信线路损坏 2. 剩余车位显示屏损坏 3. 通信协议不兼容	1. 检查通信线路是否断路、短路 2. 检查通信端口是否接好，检查通信协议是否兼容 3. 检查车位显示屏是否损坏
出卡机不出卡	1. 出卡机死机 2. 线路出现故障 3. 出卡机损坏	1. 将控制机先断电，后上电 2. 查找出卡机断路、短路故障点 3. 更换出卡机
无语音提示	1. 语音音量被调到最小 2. 扬声器损坏 3. 线路故障 4. 主板损坏	1. 调节音量电位器 2. 用万用表测量扬声器两端的电阻是否和标识值一致 3. 查找断路、短路故障点 4. 更换主板
读卡机读卡后不能开启道闸	1. 开闸线路出现故障 2. 读卡机主板损坏 3. 道闸损坏	1. 将道闸控制器的电源与输入端短接，道闸开启，故障在道闸控制机；道闸不开启，故障在读卡机主板 2. 查找开闸线路断路、短路故障点 3. 更换读卡机主板

技能训练

一、实训内容

停车场管理系统 V3.0 软件——智能一卡通管理系统的使用。

二、实训器材

计算机五台，停车场管理系统 V3.0 软件光盘一张。

三、实训步骤

1. 系统软件安装

插入“停车场管理系统 V3.0”安装盘，并找到 SETUP. EXE 文件，如图 2—51 所示，安装系统。

首次安装停车场管理软件后，需对软件进行配置，配置包括通信端口配置、车位数配置、管理员的设置、系统时间的设置，在进行系统基本配置时，操作权限必须是管理员级别。

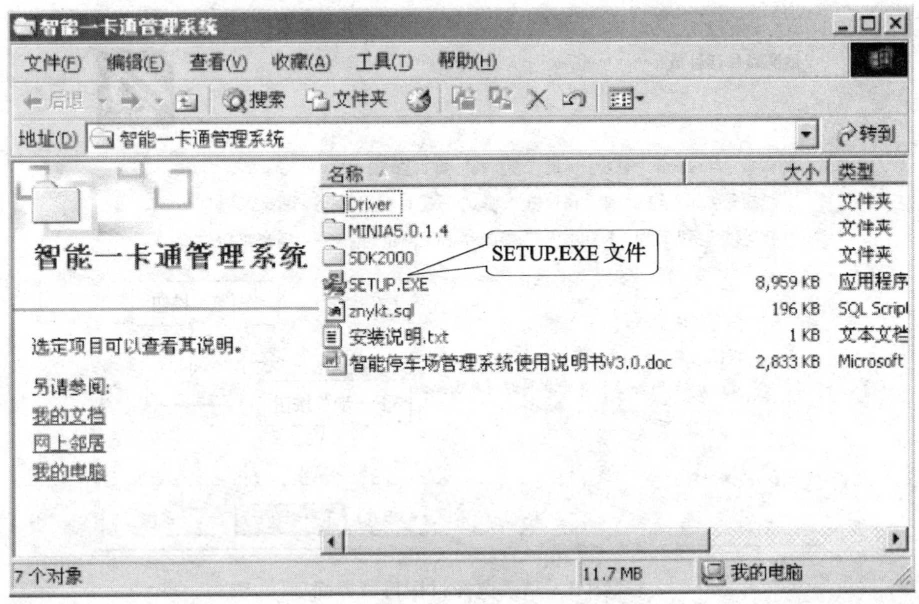

图2—51　安装系统

注：目前，车辆管理系统软件种类繁多，操作界面五花八门，但其基本操作相同，即都有“系统登录”“IC卡操作”等。以下以停车场管理系统V3.0为例说明软件的安装与使用，其他系统软件可参看相应使用说明书。

双击SETUP. EXE文件，进入安装界面，如图2—52所示。

单击“下一步”按钮，进入选择目标目录界面，如图2—53所示。

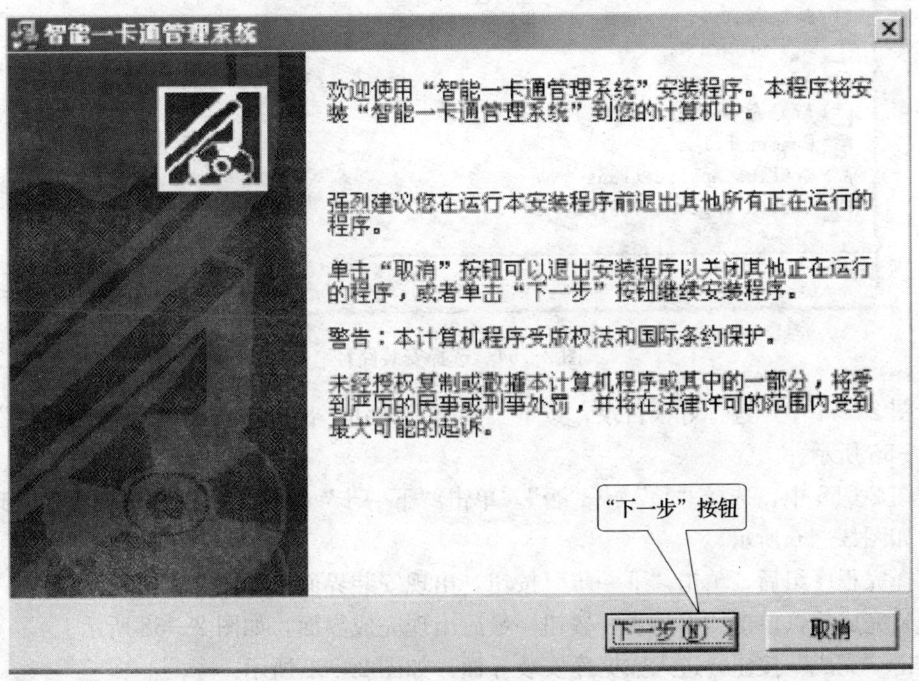

图2—52　安装界面

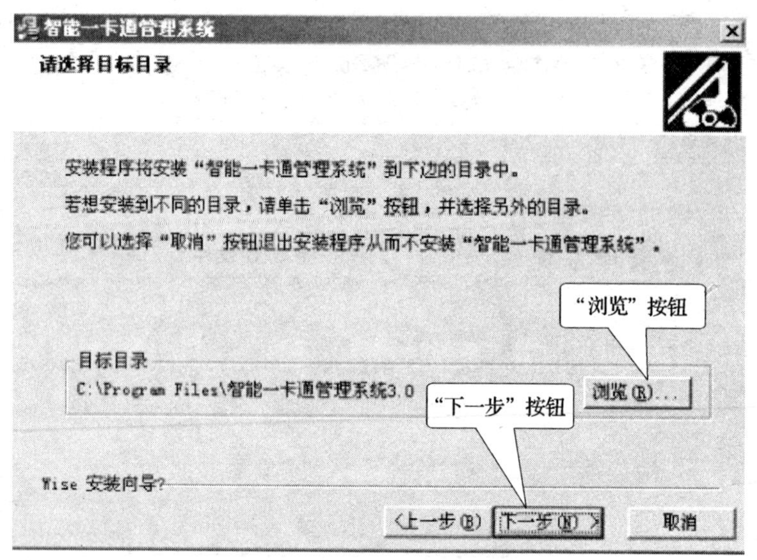

图 2—53　选择目标目录界面

单击“浏览”按钮，进入选择安装路径界面，如图 2—54 所示。

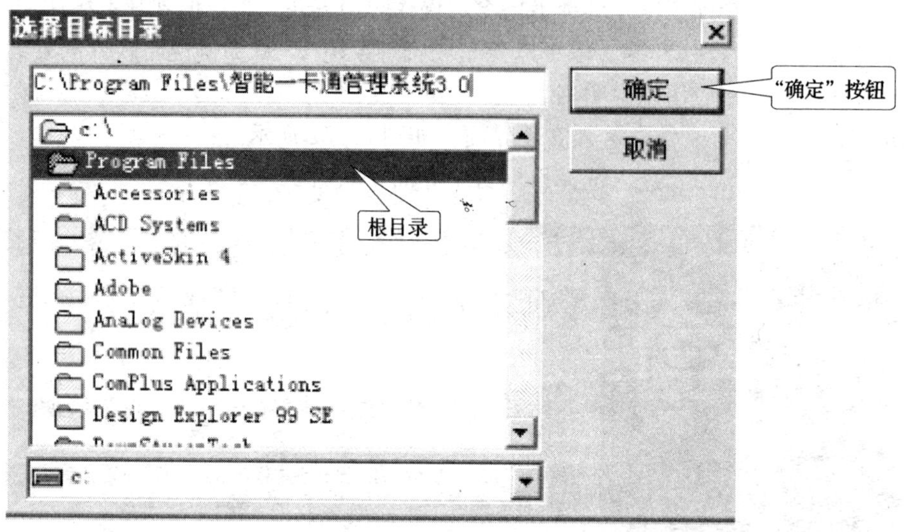

图 2—54　选择安装路径

在图 2—54 中，选择好根目录，按下“确定”按钮，出现“备份被替换的文件”界面，如图 2—55 所示。

在图 2—55 中，选择“是”或“否”，单击“下一步”按钮，出现“选择程序管理器组”界面，如图 2—56 所示。

选择完程序组后，单击“下一步”按钮，出现安装界面，如图 2—57 所示。

安装完成后，单击“下一步”按钮，最后出现完成界面，如图 2—58 所示。

单击“完成”按钮，进入数据库安装界面，如图 2—59 所示。

安装完成后，出现成功安装界面，如图 2—60 所示。

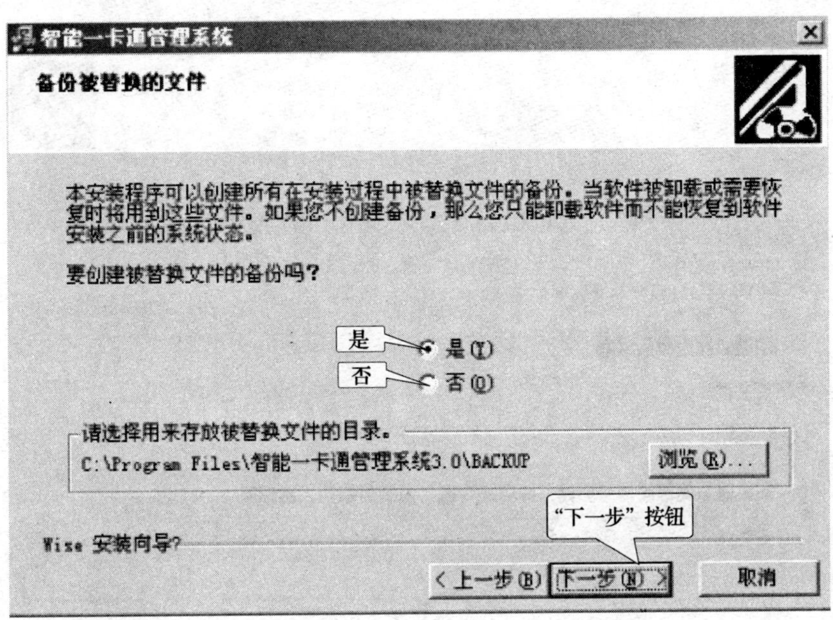

图 2—55 “备份被替换的文件”界面

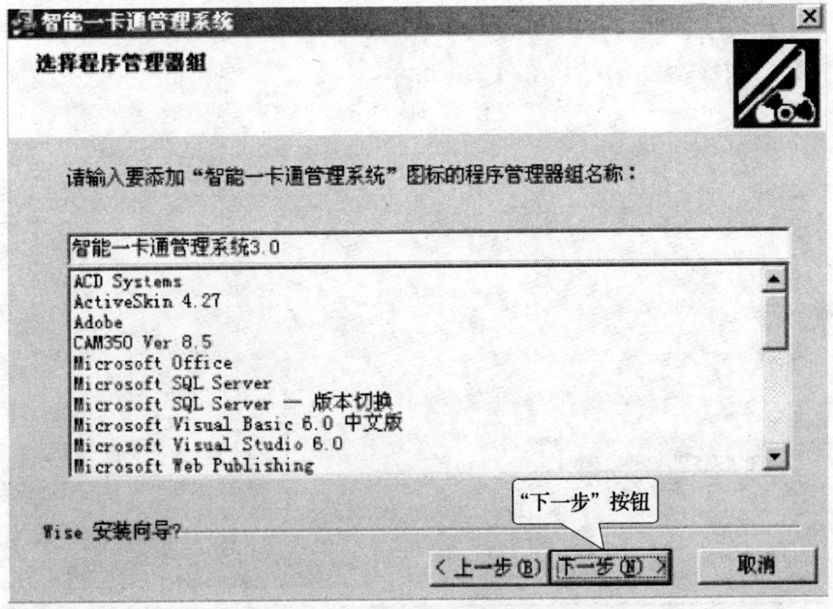

图 2—56 选择程序管理器组

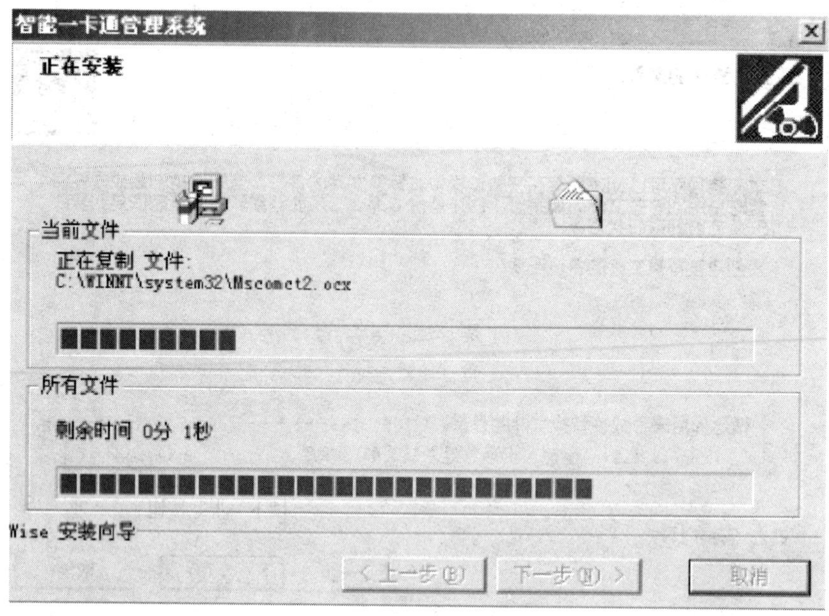

图 2—57　安装界面

图 2—58　完成界面

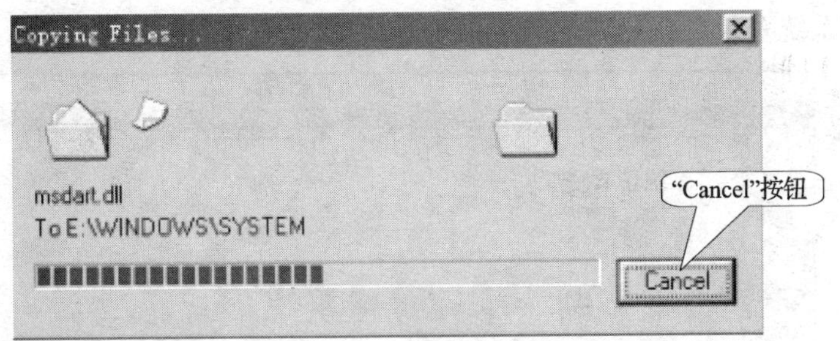

图 2—59 数据库安装画面

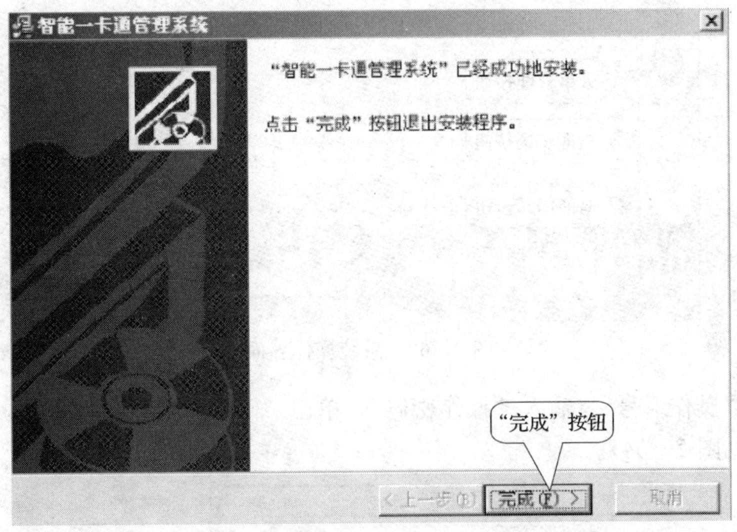

图 2—60 成功安装

2. 登录系统

安装完成后，操作员即可登录系统，步骤如下。

(1) 在主界面上，双击"智能一卡通管理系统 3.0"图标，出现图 2—61 所示界面。

图 2—61 主界面

（2）按下“系统登录”按钮，出现系统操作界面（见图 2—62）。

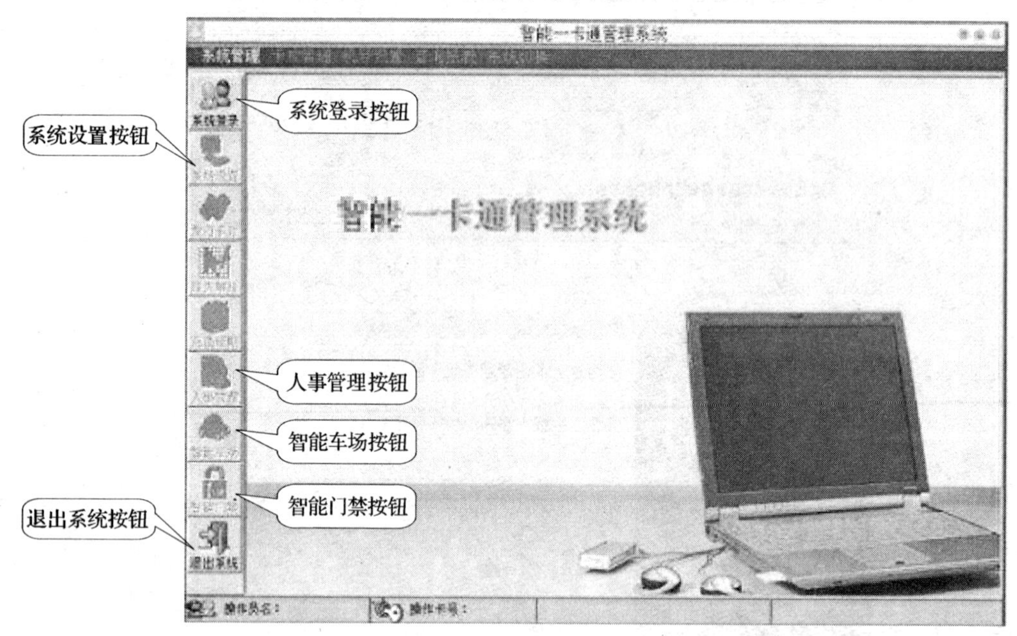

图 2—62　系统操作界面

（3）选择“操作卡号”，输入“操作密码”，单击“确定”按钮（见图 2—63）进入操作员管理界面（见图 2—64）。

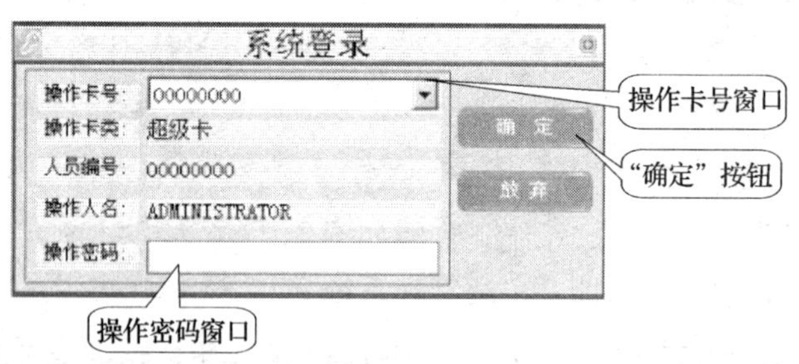

图 2—63　登录

（4）核对信息无误后，单击“保存”按钮。这样，就成功地进入停车场管理系统的操作界面。

3. IC 卡操作

（1）IC 卡的发行

1）在出现的智能一卡通管理系统的界面中（见图 2—65），单击“发行卡片”按钮。

2）进入 IC 卡发行界面后，将要发行的 IC 卡放在读卡区，听到“滴”的一声后，将 IC 卡移开，出现图 2—66 所示的“IC 卡发行”界面。

3）输入卡号、金额、车位和有效期等相关信息，单击“写卡”按钮，然后，将待发行的 IC 卡再次放到读卡区，听到“滴”的一声后，单击“单卡发行”按钮，发行卡片工作完成。

（2）IC 卡的充值、延期

1）回到图 2—65 所示的智能一卡通管理系统界面，单击“充值延期”按钮，出现“IC 卡［充值］［延期］”界面，如图 2—67 所示。

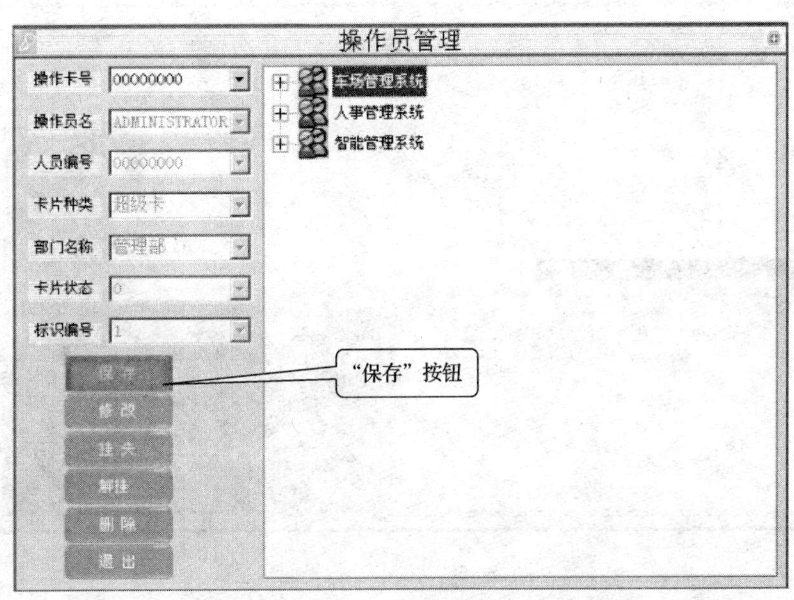

图 2—64　操作员管理界面

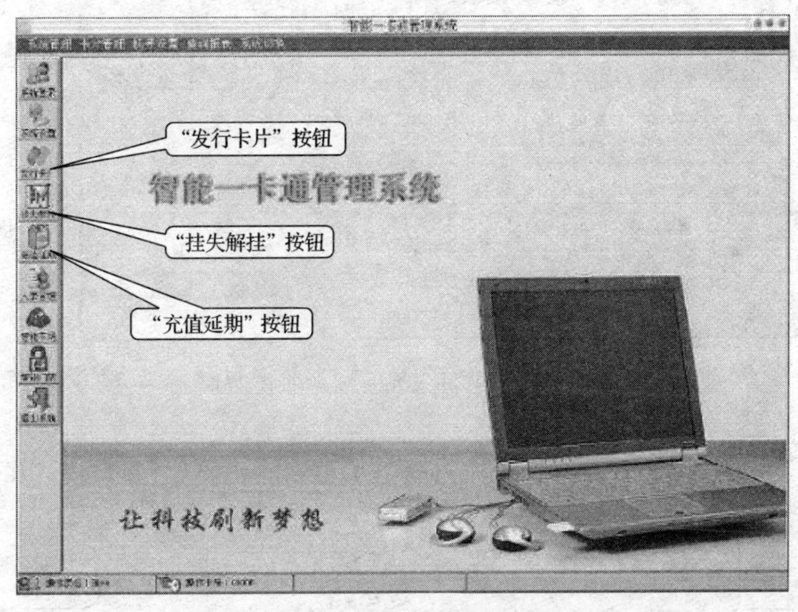

图 2—65　智能一卡通管理系统

2）进入"IC 卡［充值］［延期］"界面后，将要充值或延期的 IC 卡放在读卡区。听到"滴"的一声后，将 IC 卡移开，输入"车场充值"金额或更改"有效止日"时间，无误后按下"确认"按钮，完成此项操作。

（3）IC 卡的挂失、解挂和退卡

1）回到图 2—65 所示的智能一卡通管理系统界面，单击"挂失解挂"按钮，出现"IC 卡［挂失］［解挂］［退卡］"界面，如图 2—68 所示。

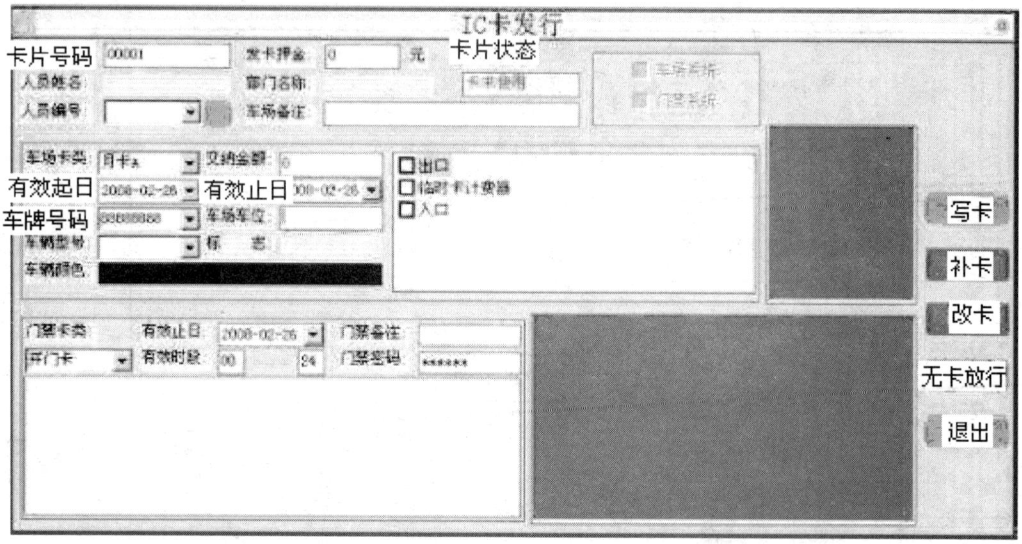

图 2—66　IC 卡发行界面

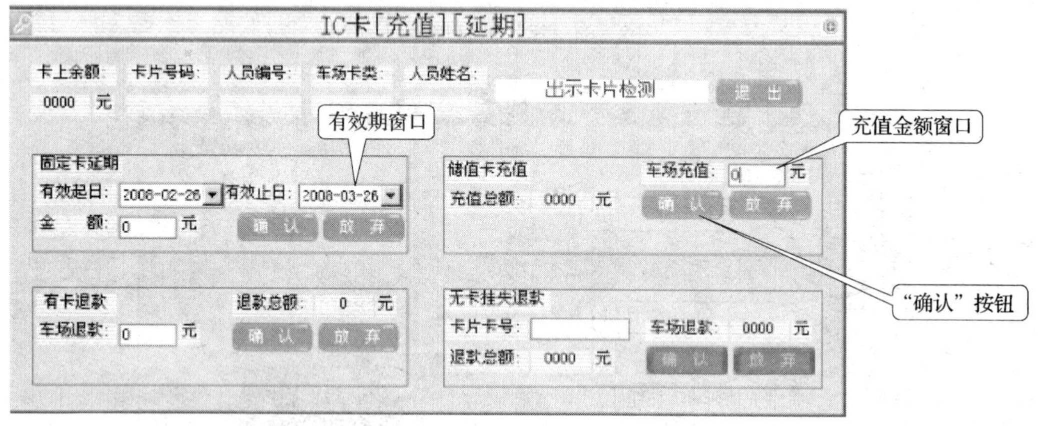

图 2—67　“IC 卡［充值］［延期］”界面

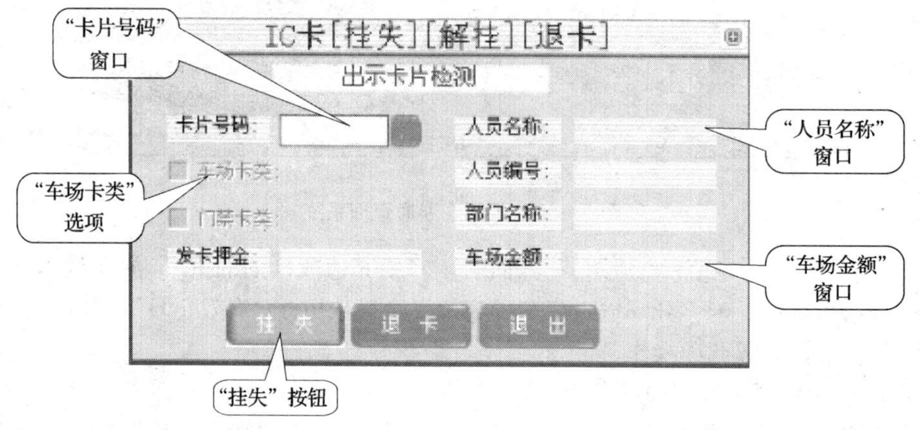

图 2—68　“IC 卡［挂失］［解挂］［退卡］”界面

2）进入“IC卡［挂失］［解挂］［退卡］”界面后，将要挂失、退卡的IC卡放在读卡区。听到“滴”的一声后，将IC卡移开，输入“卡片号码”“人员名称”和“车场金额”等，选择“车场卡类”选项。无误后按下“挂失”按钮或“退卡”按钮，完成此项操作。

（4）无卡放行

1）回到图2—65所示的智能一卡通管理系统界面，单击“系统管理”按钮，在出现下拉菜单中选择“监控”选项，就会出现监控界面，如图2—69所示。

图2—69　监控界面

2）在确认车辆信息无误后，单击“无卡放行”按钮，出现如图2—70所示的界面。

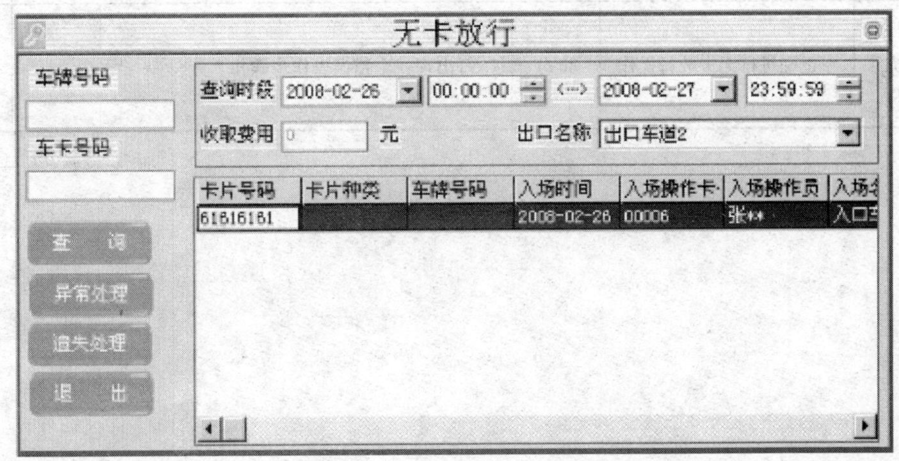

图2—70　“无卡放行”界面

3）再次确认车辆信息无误后，输入并收取相关停车费用，单击“确认开闸”界面中的“确定”按钮，开闸放行。

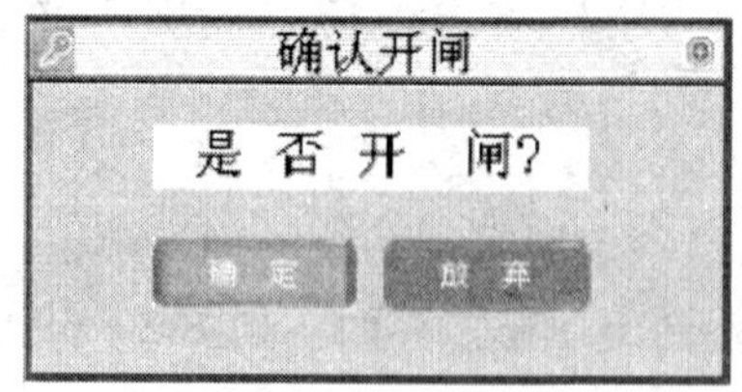

图 2—71 “确认开闸”界面

四、评分标准

内容	要求	配分	评分标准	扣分	得分
系统软件的安装	正确安装软件	10 分	不能正确安装扣 10 分		
智能一卡通管理系统的登录	正确进行登录操作	10 分	每出现一个错误操作步骤扣 5 分，登录不成功扣 10 分		
智能一卡通管理系统 IC 卡的发行	正确进行 IC 卡的发行操作	20 分	每出现一个错误操作步骤扣 5 分		
智能一卡通管理系统 IC 卡的充值、延期	正确进行 IC 卡的充值、延期操作	20 分	每出现一个错误操作步骤扣 5 分		
智能一卡通管理系统 IC 卡的挂失、解挂、退卡	正确进行 IC 卡的挂失、解挂、退卡操作	20 分	每出现一个错误操作步骤扣 5 分		
智能一卡通管理系统无卡放行	正确进行无卡放行操作	20 分	每出现一个错误操作步骤扣 5 分		

总分：__________

模块三

防盗报警系统

智能化小区的防盗报警系统包括：物理防范（如防盗门、窗、铁柜等）系统、人员防范（警卫力量）系统和技术防范系统，通过这些防范系统高效、有机地结合达到防入侵、防盗和防破坏的目的。其中，技术防范系统是以现代化高科技的电子技术、传感技术、精密机械技术和计算机技术为基础的防盗器材设备，构成的一个快速反应系统，并通过发出报警信号来震慑盗窃分子，延阻盗窃分子的入侵。技术防范系统主要由防盗报警探测器、区域控制器和报警控制中心等部分组成。

课题一　防盗报警探测器

1. 了解防盗报警探测器的种类、结构。
2. 学会安装、使用防盗报警探测器。
3. 学会看安装图。

防盗报警系统的作用是，当有盗贼侵入防范区域时，系统会发出报警信息。当有警卫力量时，警卫力量可根据报警信息迅速前往出事地点，抓获入侵者，中断其入侵行动；当无警卫力量时，也可利用声、光信号吓跑入侵者。

完整的防盗报警系统一般由下列五个部分组成，如图 3—1 所示。

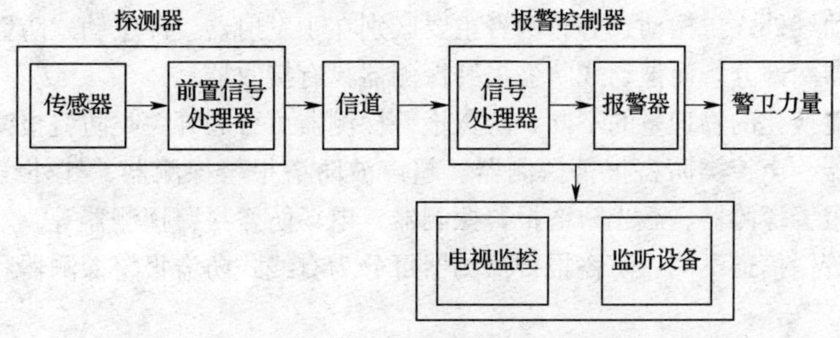

图 3—1　防盗报警系统结构图

其中，探测器由传感器和前置信号处理器两部分组成。传感器是探测器的核心部分，它的作用是将压力、位移、振动、温度、声音和发光强度等物理量转化成电信号。

信道就是信号传输的通道，也称为媒介，有狭义信道和广义信道之分，狭义信道只包括各种传输线路；广义信道除了包括各种传输线路外，还包括传输通道上的所有转换器（如发送设备、接收设备等）。

报警控制器由信号处理器和警报器组成，信号处理器对信号进行比较、分析、判断等，报警器发出声、光报警。

验证设备由电视监控和监听设备组成，它的作用是协助判定现场发生的真实情况，避免警卫人员因误报而疲于奔波。

最后是警卫力量（属于人防范畴），它包括警察和保安。

一、防盗报警探测器的组成与分类

1. 防盗报警探测器的组成

防盗报警探测器是防盗报警系统的一个主要组成部分，是防盗报警系统的前哨，一般由传感器、前置信号处理器组成，而前置信号处理器又由放大器和转换输出电路两部分组成，其中传感器为核心元件，如图 3—2 所示。

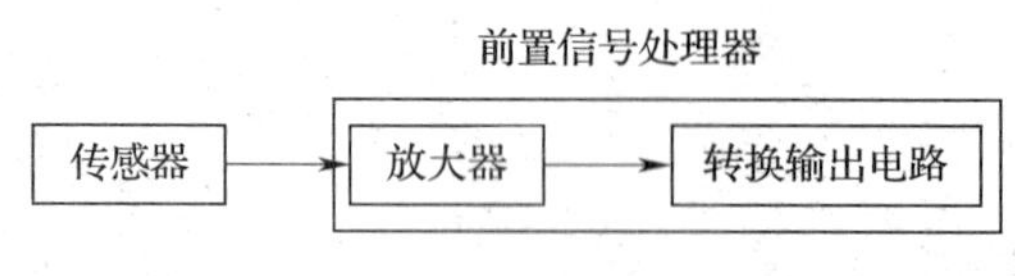

图 3—2 防盗报警探测器原理框图

2. 防盗报警探测器的分类

传感器种类繁多，按传感器能转化的物理量的不同可分为单鉴防盗报警探测器和多鉴式防盗报警探测器。单鉴防盗报警探测器只能将一种物理量转化成电信号。多鉴式防盗报警探测器能将两种以上的物理量转化成电信号，通常有双鉴探测器和三鉴探测器（目前较少）。

（1）单鉴防盗报警探测器

单鉴防盗报警探测器按照不同的分类方法，又可分为多种类型。

按传感器工作方式不同，防盗报警探测器可分为主动式防盗报警探测器和被动式防盗报警探测器。主动式防盗报警探测器包括超声波式、主动红外式、微波式等。被动式防盗报警探测器包括被动红外式、振动式等。两者主要区别在于发射器，即主动式防盗报警探测器有发射器与接收器两部分，而被动式防盗报警探测器只有接收器。

按传感器能换化的物理量的不同，防盗报警探测器可分为开关类防盗报警探测器、振动防盗报警探测器、声控类防盗报警探测器、超声波防盗报警探测器、红外线防盗报警探测器、微波防盗报警探测器、激光防盗报警探测器、电场防盗报警探测器等。

按传感器传输信道不同，防盗报警探测器可分为有线式防盗报警探测器和无线式防盗报警探测器。

按传感器警戒范围不同，防盗报警探测器可分为点控制防盗报警探测器、线控制防盗报警探测器、面控制防盗报警探测器、空间控制防盗报警探测器。

（2）双鉴防盗报警探测器

双鉴防盗报警探测器通常是将探测机理不同的两个传感器组合在一起，常用的有声音—次声波探测器、微波—超声波探测器、超声波—被动红外探测器等。

二、常用的防盗报警探测器

由于防盗报警探测器种类很多，难以一一述及，这里重点介绍几种常用的防盗报警探测器。

1. 单鉴防盗报警探测器

（1）开关类防盗报警探测器

开关类防盗报警探测器可以把防范现场传感器的位置或工作状态的变化转换为控制电路通断的变化，并以此来触发报警电路，它包括磁控开关、微动开关、易断金属导线、压力垫等。其中，磁控开关主要由磁铁（见图3—3）、干簧管（见图3—4）外加塑料装封组成。根据干簧管平时的状态可分为常开式磁控开关和常闭式磁控开关两类。

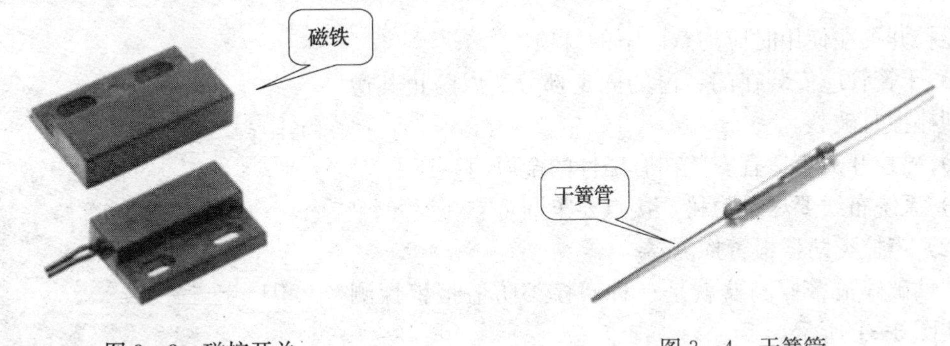

图3—3　磁控开关　　图3—4　干簧管

磁控开关主要安装在建筑物的门、窗上，通常又称为门磁、窗磁。因为它结构简单、价格低廉，所以应用非常广泛。

磁控开关的组成：

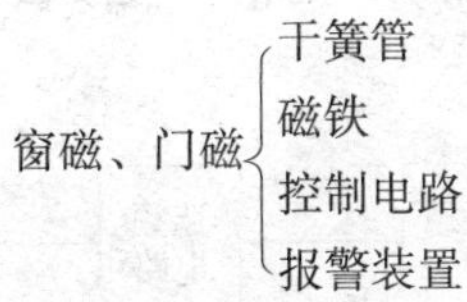

使用时，一般将磁铁安装在门、窗的活动部分，将干簧管安装在门、窗的固定部分，并且磁铁和干簧管所处的位置需要保持适当的距离。

磁铁和干簧管的安装位置如图3—5所示。

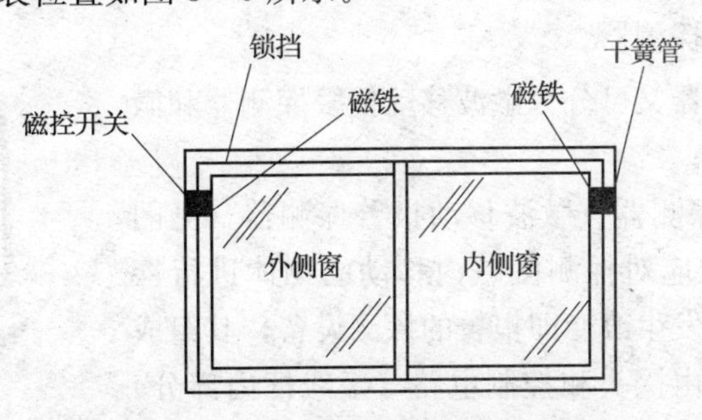

图3—5　磁铁和干簧管的安装位置

磁控开关的工作原理如图 3—6 所示，当门、窗未打开之前，干簧管在磁铁的磁场中，干簧管的触点闭合，报警装置不报警；门、窗打开后，磁铁远离干簧管，干簧管触点断开，产生报警信号，报警装置报警。

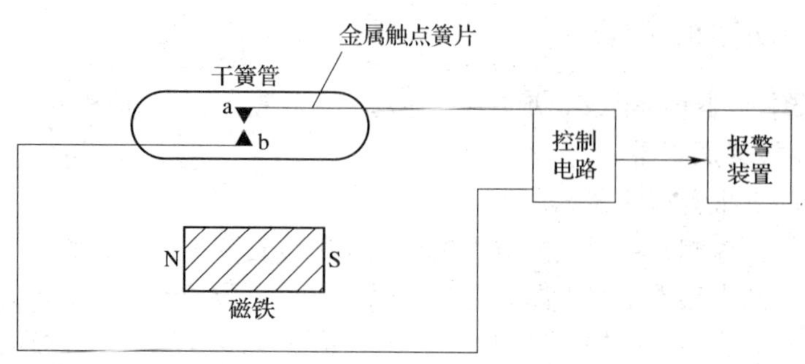

图 3—6　磁控开关原理框图

磁控开关在使用时应注意以下的事项。

1）干簧管应安装在门、窗的固定部分，以防止其遭遇强烈碰撞时破裂。

2）磁控开关不适宜安装在有磁性的金属门、窗上。

3）系统布线要尽量隐秘，接点要牢固可靠。

（2）声控类防盗报警探测器

玻璃破碎报警探测器就是一种声控类防盗报警探测器，如图 3—7 所示。

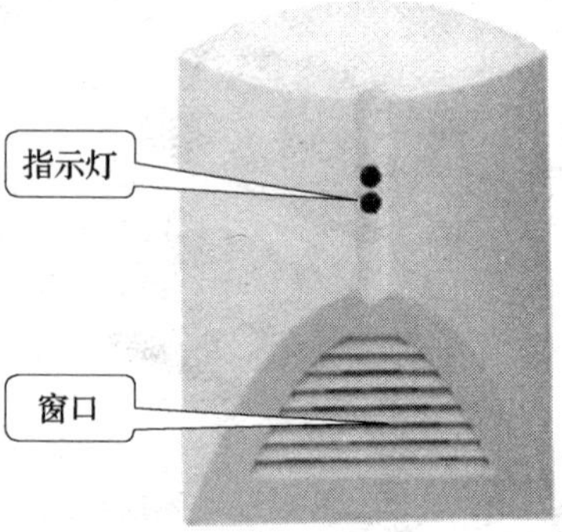

图 3—7　玻璃破碎报警探测器

其工作原理如图 3—8 所示，当门窗的玻璃被入侵者打碎时，拾音头接收到这个声音信号，并将它转化成电信号。由于玻璃破碎时会产生有别于说话、走动等的特殊频率的声音、振动（次声波）信号，经过选频电路的选择，这个特殊频率的信号被放大电路放大后，变成报警信号送给开关报警电路输出。

图 3—8　玻璃破碎探测器原理框图

玻璃破碎探测器误报率（误报次数与全部报警次数的比值）较高，所以现在很少使用。

（3）微波防盗报警探测器

微波防盗报警探测器又可分为微波移动报警探测器和微波阻挡报警探测器两类。

1）微波移动报警探测器。微波移动报警探测器（见图 3—9）是利用多普勒效应对探测区域内移动的物体进行探测，若回波信号的频率发生改变即报警的探测设备，其组成如图 3—10 所示，主要由探头和控制电路（虚线框内部分）两部分组成。

图 3—9　微波移动报警探测器

微波移动报警探测器的工作原理如图 3—10 所示，当布防区域有入侵者移动时，微波探头发出的微波信号频率就会因为入侵者的移动而发生变化（多普勒效应），即微波振荡器产生固定频率 f_0 的信号经过发射探头发射，当布防区域无移动物体时，反射回来的信号经接收探头接收，经混频器不产生差频信号，无报警信号输出。当布防区域有入侵者移动时，接收的信号不再是 f_0 而是 $f_0 \pm f_d$（f_d为移动物体产生的附加频率），混频器产生的差频信号 f_d经过放大后输出，报警器报警。

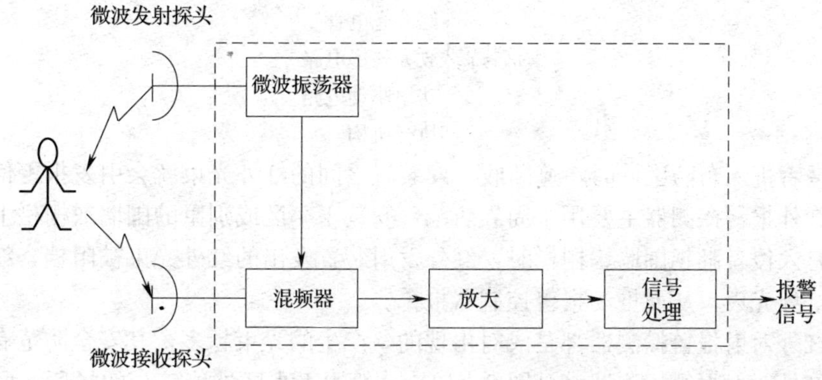

图 3—10　微波移动报警探测器原理框图

2）微波阻挡报警探测器。微波阻挡报警探测器是利用发射的微波信号被移动的物体阻挡，接收器接收不到信号而报警的探测设备。微波阻挡报警探测器误报率高，因而很少使用。

微波阻挡报警探测器的工作原理如图 3—11 所示，主要由发射、接收两部分组成。

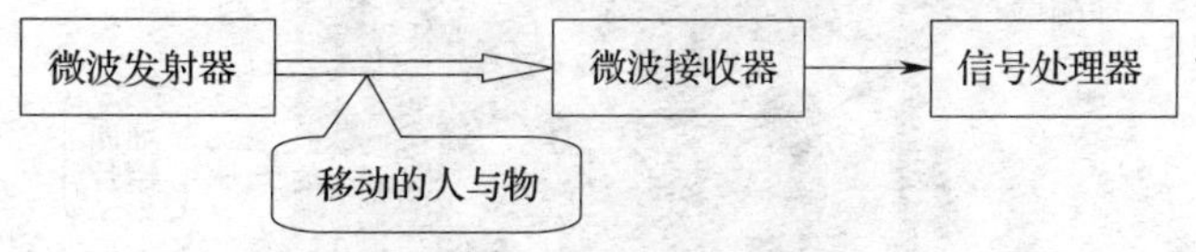

图 3—11　微波阻挡报警探测器原理框图

微波阻挡报警探测器工作原理是：当布防区域有入侵者移动时，微波发射器发出的微波信号就会因为入侵者的移动而被阻断，微波接收器将接收不到微波信号，使得系统发出报警。

（4）红外线防盗报警探测器

红外线防盗报警探测器又可分为主动式红外报警探测器和被动式红外报警探测器两类。

1）主动式红外报警探测器。主动式红外报警探测器一般由收、发装置组成，工作原理如图 3—12 所示。

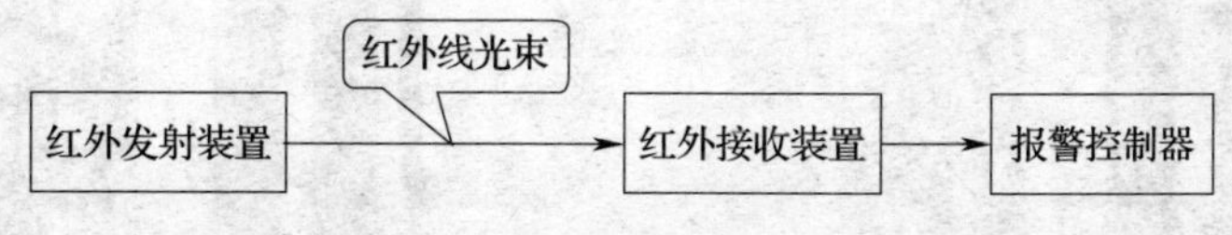

图 3—12　主动式红外报警探测器原理框图

其中，红外发射装置又由以下部分组成。

发射装置
- 多谐振荡器
- 波形变换电路
- 红外发光管
- 光学透镜

而红外接收装置由以下部分组成。

接收装置
- 光学透镜
- 红外光电管
- 放大整形电路
- 功率驱动电路
- 执行机构

当有入侵者进入布防区域时，遮断收、发装置之间的红外光束就会引发报警信号。

主动式红外报警探测器主要用于周界防范，安装于小区或别墅的围墙或栅栏上。其工作原理是，当有入侵者翻越围墙、栅栏时，红外发射装置发出的红外光束被阻挡，红外接收装置接收不到红外光束，从而推动报警控制器报警。

主动式红外对射报警探测器都是成对出现的，产生的光束越多，其安全防范有效范围越大。双光束红外对射报警探测器（见图 3—13）一般用于小区外墙较高的场所；而四光束红外对射报警探测器（见图 3—14）一般用于小区外墙较矮的场所。另外，常用的还有三光束红外对射报警探测器（见图 3—15）等。红外对射报警探测器的背面如图 3—16 所示。

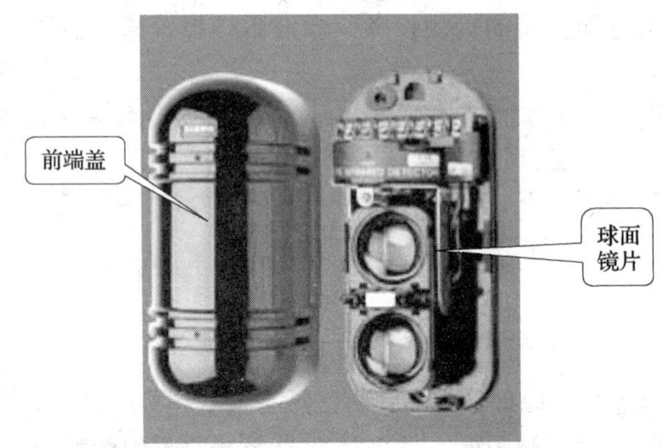

图 3—13　双光束红外对射报警探测器

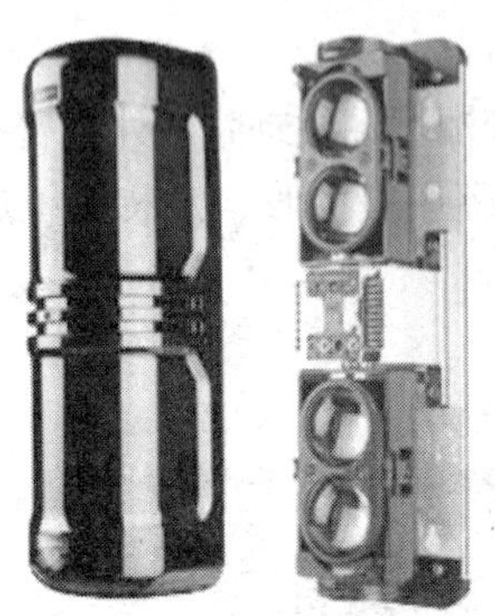

图 3—14　四光束红外对射报警探测器

图 3—15　三光束红外对射报警探测器

红外对射报警探测器安装位置如图 3—17 所示。

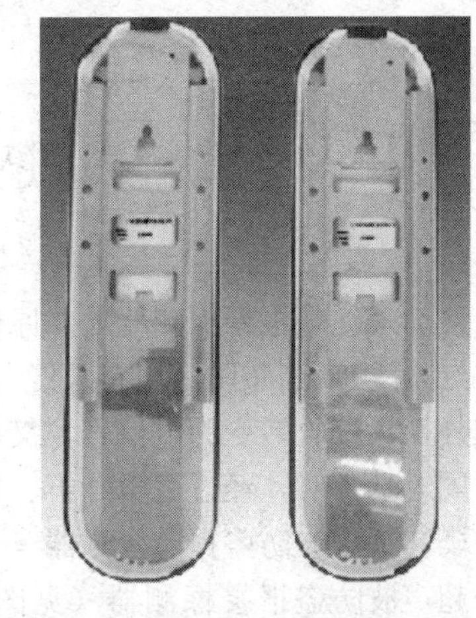

图 3—16　红外对射报警探测器背面

2）被动式红外报警探测器。被动式红外报警探测器是依靠接收侵入（布防区域）者身上所发出的红外辐射来进行报警的，主要用于室内，通常有无线式（见图 3—18）和有线式（见图 3—19）两种，是最常用的防盗报警探测器。

被动式红外报警探测器的结构如图 3—20 所示，主要由红外探头和报警控制器组成。

其中，红外探头的两个关键构件是热释电红外传感器和菲涅耳透镜。热释电红外传感器能将波长为 8～12 μm 的红外信号转换成电信号，并能对自然界里的白光信号具有抑制作用。菲涅耳透镜有两个作用，一是聚焦作用，即将热释的红外信号反射（或折射）到热释电红外传感器上；二是将警戒区域分成若干个明区和暗区，当有物体移动时，温度变化引起热释电红外传感器上信号的变化，这样就可以减小误报率。

图 3—17　红外对射报警探测器安装实物图

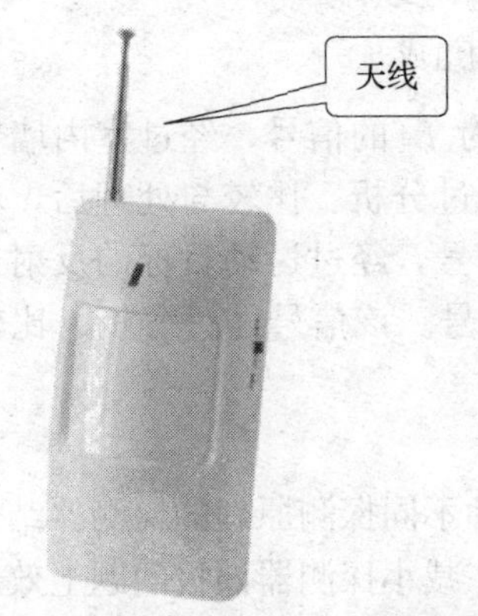

图 3—18　无线红外报警探测器（被动式）

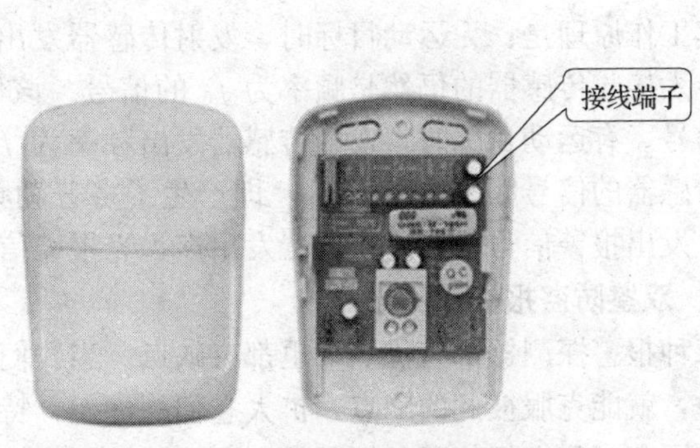

图 3—19　有线红外报警探测器（被动式）

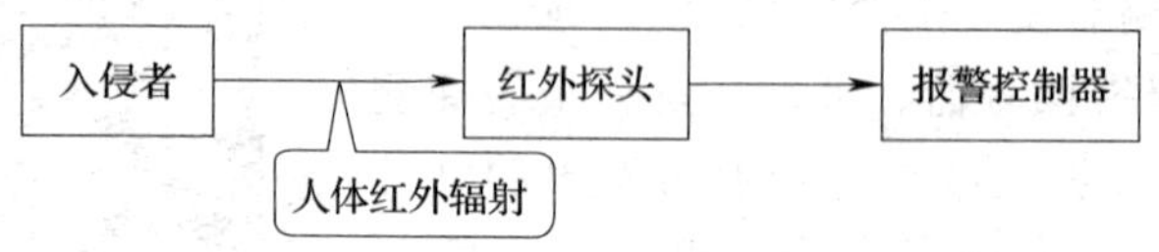

图 3—20　被动式红外报警探测器结构框图

被动式红外报警探测器工作原理是：任何有温度的物体都会不停地向周围辐射（绝大部分是红外线），当布防区域有入侵者进入时，入侵者身体发出的波长为 8～12 μm 的红外线被红外探头接收转变为电信号，又因为入侵者的移动会引起红外探头上电信号的变化，当这两者同时具备时，经过逻辑分析、判断后，信号传送给报警控制器报警。

（5）超声波防盗报警探测器

超声波防盗报警探测器（见图 3—21）是利用多普勒原理制作而成的，具有探测范围小、穿透能力弱、对移动物体敏感的特点。

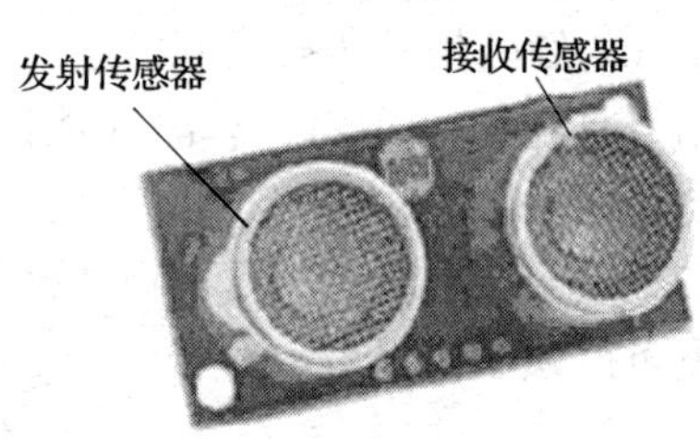

图 3—21　超声波探测器

多普勒效应是指频率为 f_0 的波（如声波、电磁波等）以一定的速度 v 向前传播，遇到固定目标（如山、墙壁等）会反射回来，反射波频率仍为 f_0。但若遇到运动目标，反射波的频率会改变为 $f=f_0+f_d$，即会在反射频率 f_0 上叠加一个频率 f_d，f_d称为多普勒频移，这种现象称为多普勒效应。

如图 3—22 所示，超声波防盗报警探测器由发射传感器、接收传感器和电子电路组成。

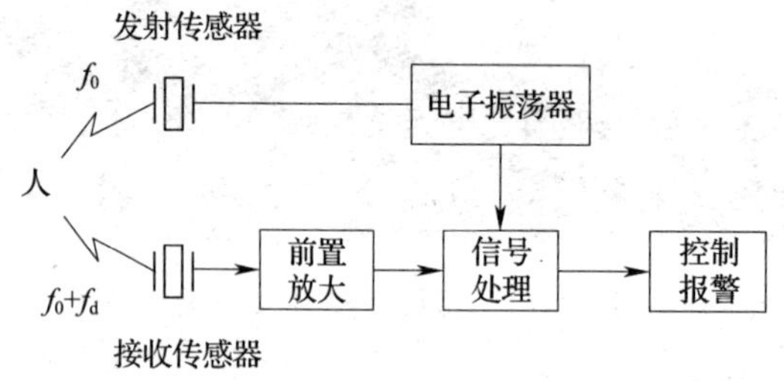

图 3—22　超声波防盗报警探测器的组成

其工作原理是：无运动目标时，发射传感器发出频率为 f_0 的信号，经过室内墙壁的反射，传入接收传感器的仍然是频率为 f_0 的信号。该信号经过分析、比较与处理后，不发出报警信号。有运动目标时，发射传感器发出频率为 f_0 的信号，经过运动目标的反射，传入接收传感器的信号频率改变了 f_d，即产生了多普勒频移信号。该信号经过分析、比较与处理后，发出报警信号，声光报警器发出声、光报警信号。

2. 双鉴防盗报警探测器

每种报警探测器都有优点，也都有缺点。当我们将两种不同探测原理的探测器结合起来使用时，就能克服彼此的缺点，扩大它们的优点，特别是在减小探测器误报问题上效果更加明显。因此，我们把将两种不同探测原理的探测器结合起来，利用互补技术组成的双技术组合型报警器称为双鉴探测器。如声音—次声波双鉴玻璃破碎探测器、微波—超声波探测器、超声波—被动红外探测器等。

双鉴探测器组合必须满足以下条件：

1）组合的两种探测器必须有不同的误报机理，而灵敏度又必须相同。

2）选择的两种探测器必须都有较低的误报率。

3）选择的两种探测器应对外界经常或连续发生的干扰不敏感。

(1) 声音—次声波双鉴玻璃破碎探测器

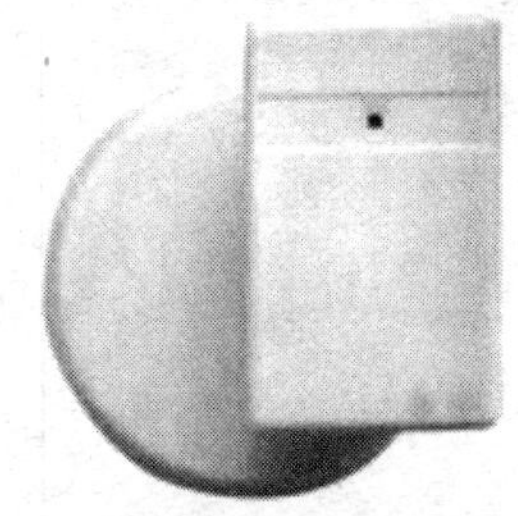

图 3—23　声音—次声波双鉴玻璃破碎探测器

声音—次声波双鉴玻璃破碎探测器只在同时探测到敲击玻璃和玻璃破碎时，才可触发报警，如图 3—23 所示。

其工作原理如图 3—24 所示，当门窗的玻璃被入侵者打碎时，会同时产生特殊频率的声音和振动信号，经过逻辑判断电路的逻辑运算、分析、判断，来判定是否是入侵者打碎门窗的玻璃，然后将信号送给放大电路放大，最后变成报警信号对外输出。

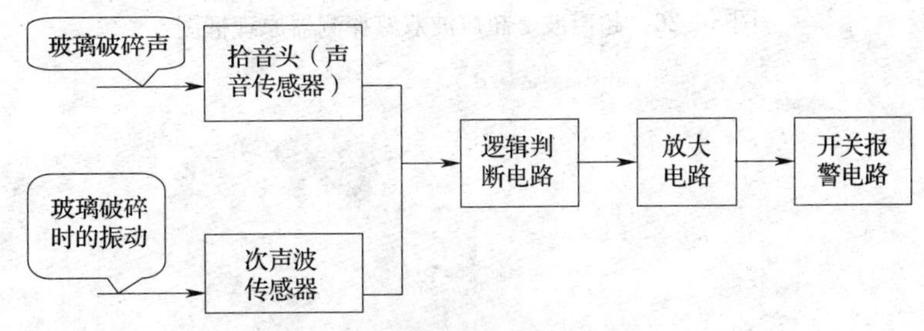

图 3—24　双技术玻璃破碎探测器原理框图

由于该探测器采用了两种手段来判断是否被入侵，所以可靠性得到提升，误报率降低。

(2) 超声波—红外双鉴探测器

超声波—红外双鉴探测器如图 3—25 所示。

其工作原理如图 3—26 所示，有入侵者时，超声波探测器能探测到移动的物体，并将该信号传送给信号处理器；超声波探测器的超声波束被入侵者阻挡，也将信号传送给信号处理器。信号处理器再将两个信号进行比较、分析与判断，最后发出报警信号，因此该探测器可以大大降低误报率。

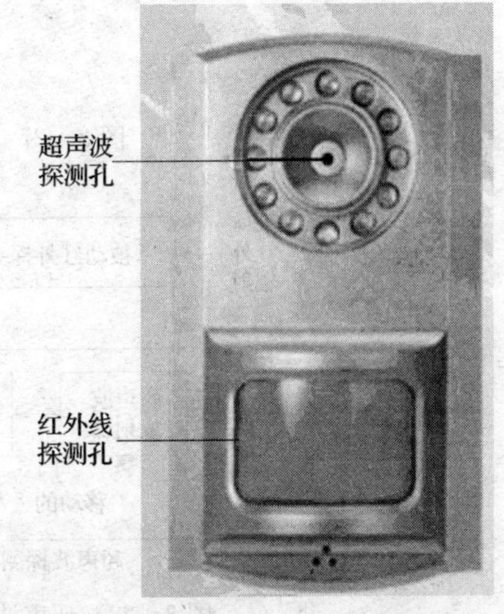

图 3—25　超声波—红外双鉴探测器

(3) 超声波—被动红外探测器

超声波—被动红外探测器外观及内部如图 3—27 所示。

其工作原理如图 3—28 所示。有入侵者时，被动红外探测器能探测到人体温度信号，并将该信号传送给信号处理器；超声波探测器的超声波束被入侵者阻挡，也将信号传送给信号处理器。信号处理器再将两个信号进行比较、分析与判断，最后发出报警信号。

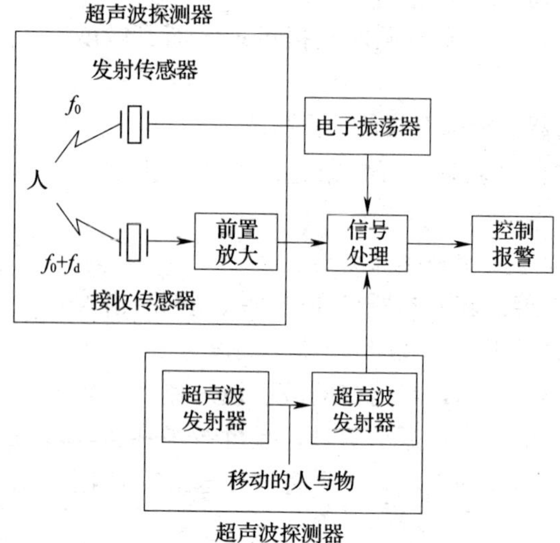

图 3—26　超声波—超声波双鉴探测器原理框图

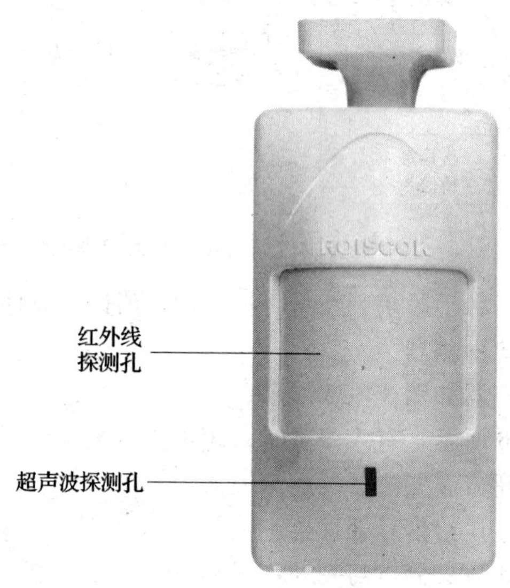

图 3—27　超声波—被动红外探测器

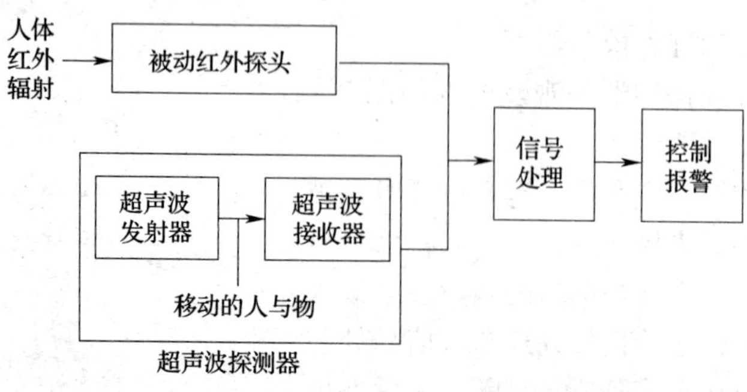

图 3—28　超声波—被动红外双鉴探测器原理框图

(4) 红外（主动、被动）、微波三鉴探测器

图 3—29　三鉴探测器

如图 3—29 所示，该探测器是一种新型产品，具有更高的可靠性。

三、防盗报警探测器的安装

1. 防盗报警探测器安装地点

(1) 容易入侵区域和地点示意图（见图 3—30）

(2) 防盗报警探测器安装地点示意图（见图 3—31）

窗磁探测器要安装在该建筑物的所有玻璃窗上。门磁探测器只安装在该建筑物的大门（或重要房间的门）上。被动红外探测器一般安装在该建筑物的大厅或重要房间里，并且被动红外探测器的安装位置要隐蔽、不易被发现。

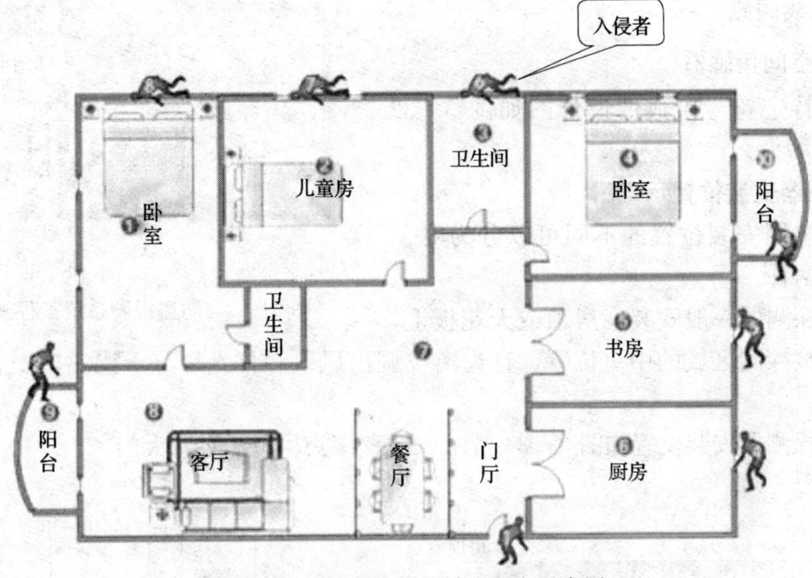

图 3—30　容易入侵区域和地点示意图

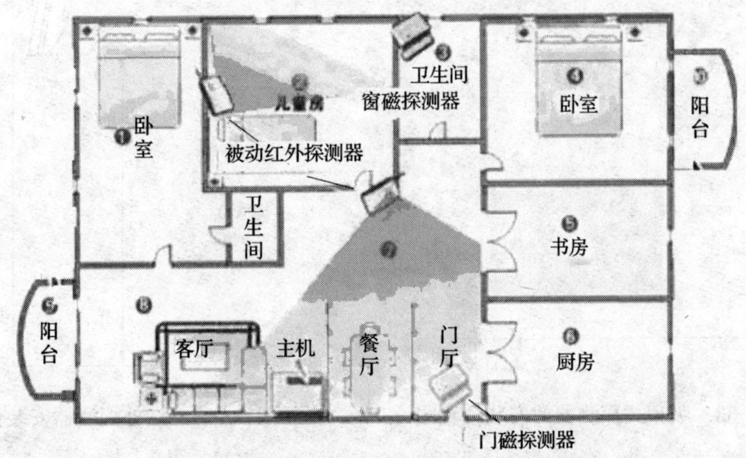

图 3—31　防盗报警探测器安装地点示意图

(3) 防盗报警系统工程施工图

各种探测器如果都用实物的外形来表示，不但画图困难，而且不方便连接，因此在工程中我们一般用一些特定的符号来指代它，用这些特定符号表示探测器连接关系的图就称为工程施工图。

其中各符号含义如下（工程技术人员一定要会识别）。

HC：控制器

I：门磁送信器

M：有线门磁

M：无线门磁

P：空间传感器

由这些特定符号组成的设计图如图 3—32 所示。

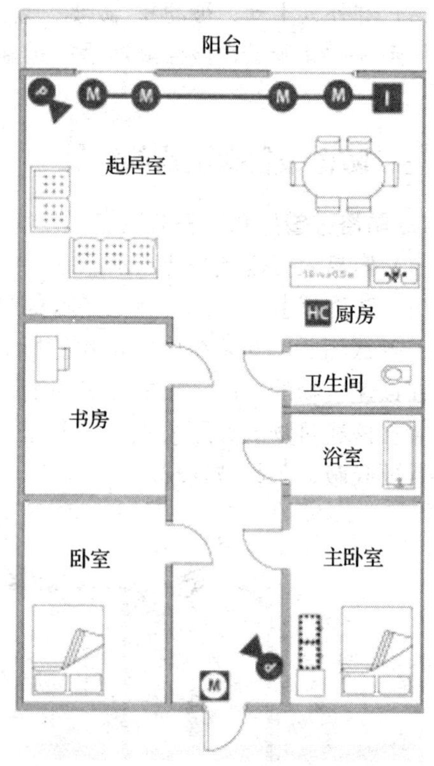

图 3—32　防盗报警系统工程施工图

2. 探测器安装位置示意图

探测器按照安装位置的不同可以分为吸顶式和壁挂式两种。

吸顶式探测器一般安装在房顶或天花板上，尽量安装在被探测区域的中央位置，且远离空调出风口和日光灯等干扰源，安装位置如图 3—33 所示。

壁挂式探测器安装位置如图 3—34 所示，注意探头尽量不对着大门。

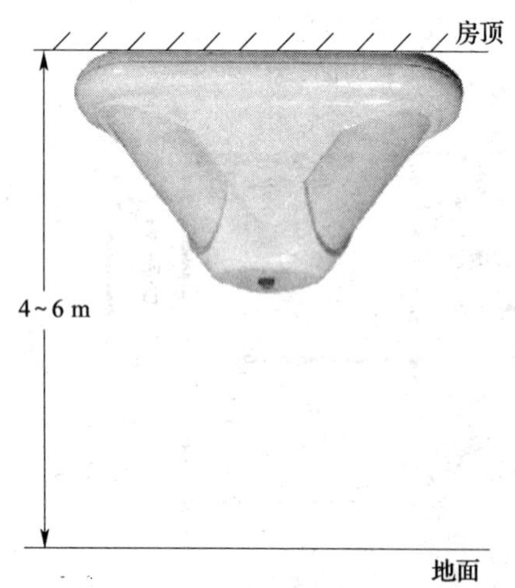

图 3—33　吸顶式探测器的安装位置图

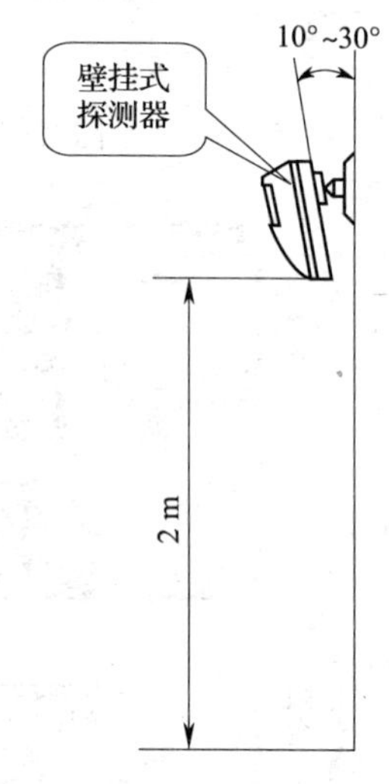

图 3—34　红外探测器安装位置图

安装壁挂式探测器时应注意使探测器对准房间内，并避免阳光的直射和反射引起的错报，同时，探测器安装的位置应是入侵者可能横向穿越红外辐射区的地方，其安装的高度可选择在 1.6～2 m 范围。

3. 防盗报警探测器的选择

选择原则：在经济许可的情况下，最大限度地实现产品的设计功能，并尽量地减少漏报和误报。

（1）根据使用场所选择功能合适的探测器

家庭一般以红外探测器为主，双鉴探测器为辅；商业用途的场所一般以双鉴探测器为主，红外探测器为辅；高风险场所一般采用防遮挡探测器（即采用防护遮挡或防护涂层的探测器，它可以有效地防止碰撞等对探测器造成的损坏，也可以防止尘埃造成的灵敏度的下降）。

（2）根据房间高度选择合适安装方式的探测器

按安装方式探测器可分为壁挂安装方式和吸顶安装方式两种（见表 3—1）。

表 3—1　　探测器按安装方式分类

房间高度	4 m 以下	4～6 m
探测器的种类	壁挂式探测器	吸顶式探测器

根据房间大小选择合适探测空间的探测器（见表 3—2）。

表 3—2　　根据房间大小选择合适探测空间的探测器

房间的属性	家庭用户	教室、实验室、教研室
探测器的种类	8 m、10 m、12 m 探测范围的壁挂式探测器	15 m、25 m 探测范围的壁挂式探测器

4. 防盗报警探测器安装的注意事项

（1）要注意管线安装的隐蔽性

为防止人为的破坏，一般采用预埋的方式。

（2）规划好正确的安装位置

由于采用预埋的安装方式，一旦安装成功再想移动将困难重重。处理不好，不但增加工程量，而且，还会使漏报率和误报率大大增加。

壁挂式探测器安装高度一般为 1.8～2.5 m，探测器要垂直地面安装，并且与墙面成 10°～45°角。吸顶式探测器安装高度一般在 4.0 m 以上。探测器应尽量远离空调、风扇、暖气设备安装，安装的方向不要正对出入口。

（3）探测器一定要加装支架

加装支架虽然增加了安装费用，但是调试起来方便，使用起来安全。

（4）一定要接驳上防拆开关

防拆开关是安装在探测器外壳内的微动开关，平时受外壳挤压处于断开状态，当有人擅自拆卸探测器外壳时微动开关将弹起接通电路报警，如图 3—35 所示。

一般情况下，系统中多个防拆开关先并联（因为一个系统中有多个探测器，而每个探测器都有一个防拆开关），然后再一起串入报警电路中。这样可以防止系统撤防时，有人对防盗报警探测器动手脚。

（5）预留接驳电缆的长度一定要合适

预留过短，接线较困难；预留过长，探测器面盖难以合上。

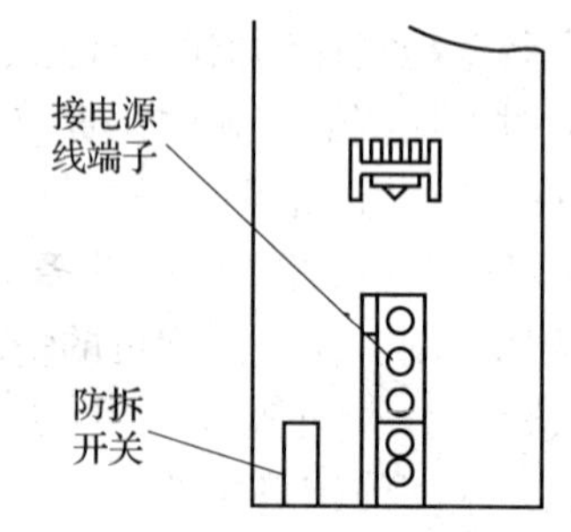

图 3—35　红外栅栏防拆开关位置图

5. 防盗报警探测器发生漏报、误报的常见原因

（1）防盗报警探测器的安装位置不正确。

（2）无线防盗报警探测器的电池电量不足。

（3）防盗报警探测器的设计不完美，使用材质有问题。

（4）防盗报警探测器损坏。

（5）恶劣的环境条件。

室内管线敷设和管内穿线

为了满足防盗报警系统的隐蔽性和安全性的要求，一般情况下，防盗报警系统的布线都采用埋设管路的方法布设（即管路暗装敷设），这就要求学生掌握管线敷设的方法。

1. 管路暗装敷设步骤

（1）根据图纸确定系统器件与设备的位置。

（2）测量线管的实际长度，应尽量走捷径以节省线管；同时，要尽量减少弯头，方便管内穿线。

（3）选用适用的线管、弯头、接线盒，并根据要求下料。

（4）进行管路间及管盒的连接，并穿入引线钢丝。

（5）将箱、盒、管连接成整体并固定在钢筋或模板上，也可以在砖墙上挖槽埋设。

（6）线管是金属材质时，管线与管线（或箱、盒）之间要采用可靠的金属连接（跨接）。

（7）管口用木塞堵紧，盒内填满废纸或木屑，防止水泥砂浆和杂物进入。

（8）检查有无遗漏和错敷的地方，发现后应立即进行整改。

2. 管路暗装敷设方法

（1）土建施工前，应将管、盒、箱等先固定牢靠，并用 15 mm 厚的垫块将管路垫高。

（2）管路用铁丝固定在钢筋上，盒、箱等用木模板固定在土建结构上。

（3）防止振捣混凝土或移动脚手架时造成箱、盒、管的移动。

3. 管内穿线

(1) 土建完成后，应先将管内的灰土杂物清除干净，方法是用压缩空气吹或钢丝绑以擦布来回在管内拉动。

(2) 管内穿线一般由两个人完成，一人放线，一人牵引，但要注意穿线时导线不能有缠绕和急弯，牵引时不能用力过猛，以防拉断导线。

(3) 穿线完成后，留下适当的余量，剪断多余的导线。

一、实训内容

红外报警探测器的制作。

二、实训器材

实训器材见表 3—3。

表 3—3　　红外报警探测器实训器材明细表

序号	设备名称		型号	数量
	类型	详细名称		
1	元件	555 集成电路	IC555	15
2		三极管	9012、9014	各 15
3		发光二极管	VD	15
4		光电二极管	2CU	15
5		电阻	30 kΩ、8.2 kΩ、68 kΩ、0.3 kΩ、91 kΩ	各 15
6		电容器	1 μF、0.01 μF、0.01 μF	各 15
7		扬声器	8 Ω	15
8	工具	电烙铁	25 Ω	15
9		焊锡、松香		少许
10		剪线钳		15
11	仪表	万用表	MF－15	15

三、实训步骤

1. 绘制电路图

红外报警探测器的电路图如图 3—36 所示，其工作原理是：合上开关 S 后，发光二极管发出一束红外光线，经过安装在探测器对面的反射镜的反射进入光电二极管，转变成电信号，让集成块 IC555 产生振荡信号，三极管 VT2 导通，导致三极管 VT3 截止，扬声器不响。当有入侵者移动时，遮断红外光束，光电二极管接收不到信号，集成块 IC555 停止振荡，三极管 VT2 截止，导致三极管 VT3 导通，扬声器响，对外报警。

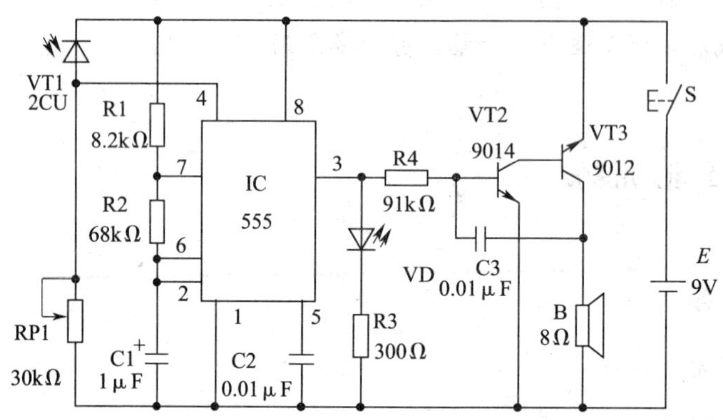

图 3—36 红外报警探测器电路图

按照电路图绘制图纸。红外报警探测器电路板如图 3—37 所示。

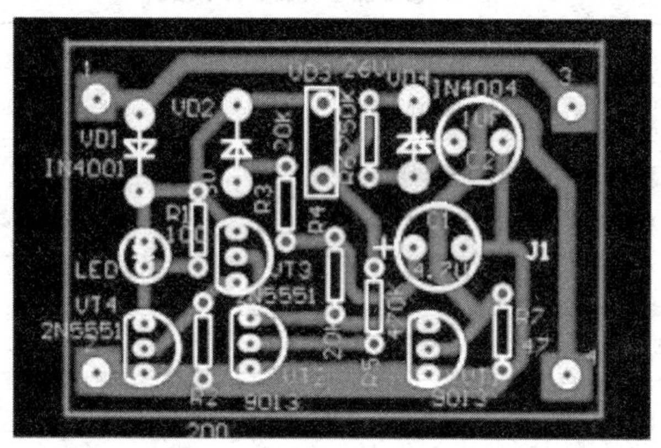

图 3—37 红外报警探测器电路板

2. 印制电路板的制作

（1）将绘制好的图纸加上复印纸放在敷铜板上，用笔在图纸上描摹直到敷铜板上出现线条。

（2）用毛笔蘸上油漆将敷铜板上的线条覆盖好，并晾干。

（3）将该敷铜板放入三氯化铁溶液里浸泡，直到没有被油漆覆盖的铜箔被腐蚀掉。

（4）取出敷铜板，用清水洗干净并晾干，电路板如图 3—37 所示。

3. 元器件的焊接

按照电路图，在印制电路板上按照正确的操作工艺焊接元器件。

4. 红外报警器的调试

（1）反复调试电位器 RP1 一直到发光二极管 VD 发出较强的红外线。

（2）阻断发光二极管 VD 和光电二极管 2CU 之间的红外对射光线，再反复调试电位器 RP1 一直到扬声器里有清晰的报警声。

四、评分标准

内容	要求	配分	评分标准	扣分	得分
绘制电路图	正确识读、绘制电路图纸	20	错误一处扣 5 分		
印刷电路板的制作	正确划线、腐蚀、清洗	30	错误一处扣 5 分		
元器件焊接	连接正确，不允许错焊、漏焊、虚假焊	30	错误一处扣 5 分		
调试	按照正确步骤进行调试	20	错误一步扣 5 分		

总分：________

课题二　防盗报警控制器

1. 学会给防盗报警探测器编码。
2. 学会防盗报警控制器功能的设置。
3. 学会布防和撤防。
4. 学会防盗报警控制器的简单故障的维修。

课题一中介绍了防盗报警系统的一个重要组成部分——防盗报警探测器，它是防盗报警系统的前端，它的主要作用是将现场信号（如声音、振动、红外线、微波等）转化为系统认可的电信号。而课题二中会介绍防盗报警系统的另一个重要组成部分——防盗报警控制器，它是防盗报警系统的后端，它的作用是对传输来的电信号进行分析、判断，并将判断结果传送给终端设备，再通过它们报警、显示或联动控制（如有入侵者时系统关闭通道）。

一、防盗报警系统的类型

按防盗报警控制器的监控范围来分，防盗报警系统可分为以下两种：

- 防盗报警系统
  - 独立防盗报警系统
  - 联网防盗报警系统
    - 小区联网防盗报警系统
    - 区域联网防盗报警系统

1. 独立防盗报警系统

独立防盗报警系统一般用于小型的封闭区间（如储蓄所、财务室、档案室和高档小区的住户），由防盗报警探测器和小型防盗报警控制器组成。当有入侵者时，除了发出声、光报警信号外，还能自动地拨打报警电话（该电话是使用者事先设置在防盗报警控制器中的）。

小型防盗报警控制器多由微处理器系统构成。

2. 联网防盗报警系统

联网防盗报警系统一般用于较大区间内（如一个物业小区或一座城市），由防盗报警探测器、防盗报警控制器、信道、防盗报警中心控制台和警卫力量组成，如图 3—1 所示。当有入侵者时，防盗报警中心控制台发出声、光报警信号，监控人员再通过验证设备，观察现场的图像或听现场的声音。一旦确定，立刻组织警卫人员前往。

根据用户的管理机制以及对报警的要求，联网防盗报警系统的控制器分为区域报警控制器和集中报警控制器。防盗报警中心控制台一般由视频、音频设备构成。

根据防盗报警中心控制台放置的位置不同，分为小区联网防盗报警系统和区域联网防盗报警系统。其中，小区联网防盗报警系统采用的区域防盗报警控制器放在小区的管理中心，区域联网防盗报警系统采用的集中防盗报警控制器放在城市的 110 报警中心（即多个小区联网防盗报警系统组成了区域联网防盗报警系统）。

二、小型防盗报警控制器

小型防盗报警控制器一般做成盒式或壁挂式，具有报警和防破坏等功能。当有入侵者进入布防区域时，它不但可以发出报警声威慑入侵者，还可以通过拨号系统向业主或系统管理者报警。

1. 小型防盗报警控制器的连线

一个独立防盗报警系统应当由小型防盗报警控制器、遥控器、各种门磁（开关）、各种防盗报警探测器（探头）和电话线等组成，小型防盗报警器与其他组件的连接如图 3—38 所示。

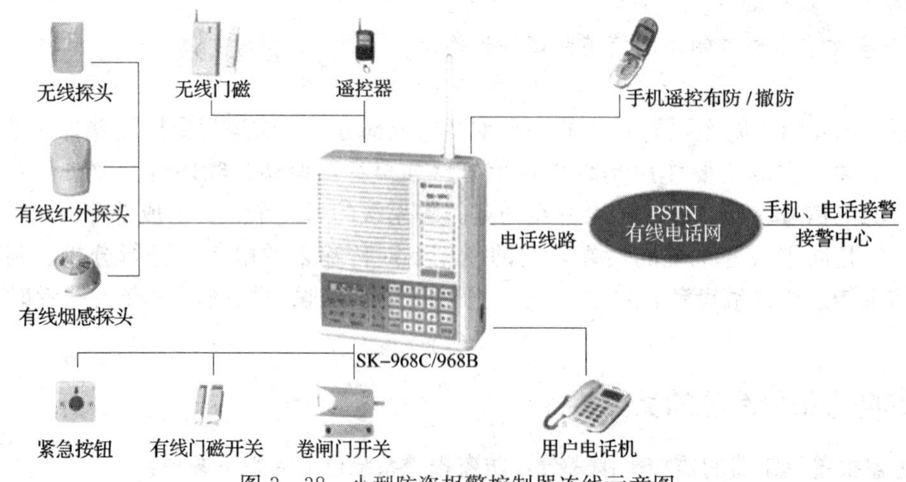

图 3—38 小型防盗报警控制器连线示意图

小型防盗报警控制器如图 3—39 所示，可设置 4 个有线布防区域和 6 个无线布防区域，可储存 5 组报警电话号码。

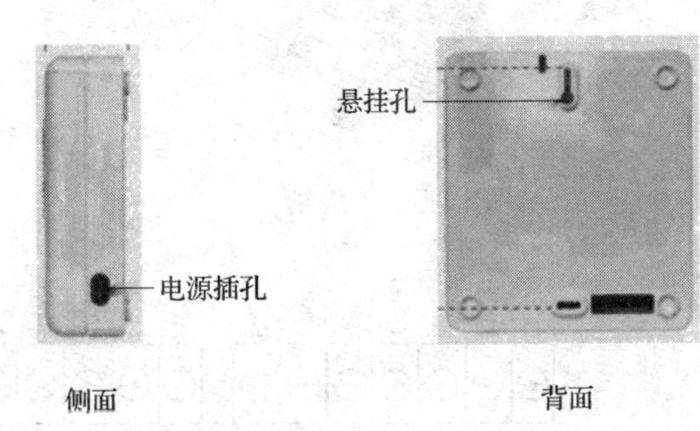

图 3—39 小型防盗报警控制器（SK－968C）

2. 相关辅助设备

（1）防盗报警遥控器

防盗报警遥控器如图 3—40 所示，用于遥控小型防盗报警控制器布防或撤防。

（2）无线门（窗）磁开关

无线门（窗）磁开关如图 3—41 所示，主要用在建筑物的门、窗上，当门、窗被外力打开时，通过小型防盗报警控制器报警。

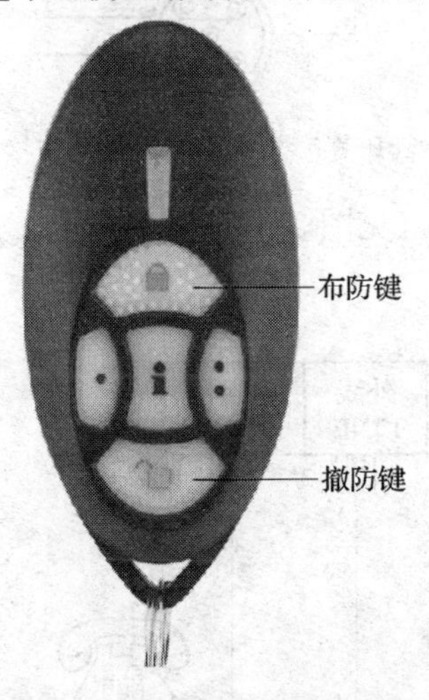

图 3—40 防盗报警遥控器

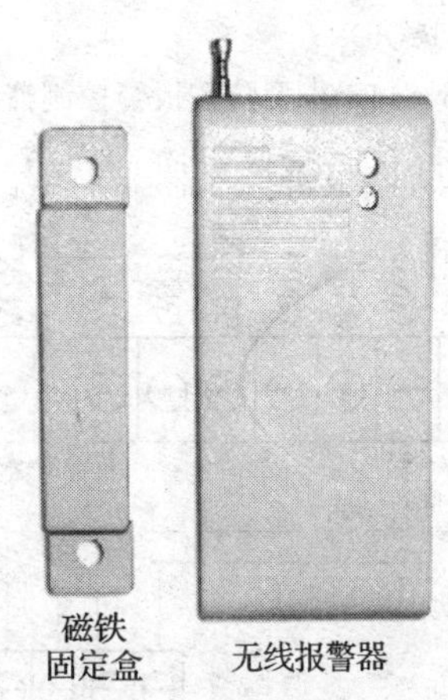

图 3—41 无线门（窗）磁开关

（3）警笛

警笛如图 3—42 所示，用于发出报警声。

（4）无线紧急按钮

无线紧急按钮如图 3—43 所示，发生紧急情况时，按下该按钮发出呼救信号。

3. 小型防盗报警控制器的接线端子和有线设备之间的连接

（1）小型防盗报警控制器与有线门磁开关、紧急开关、警笛和电话线的连接（见图 3—44）

图 3—42　警笛

图 3—43　无线紧急按钮

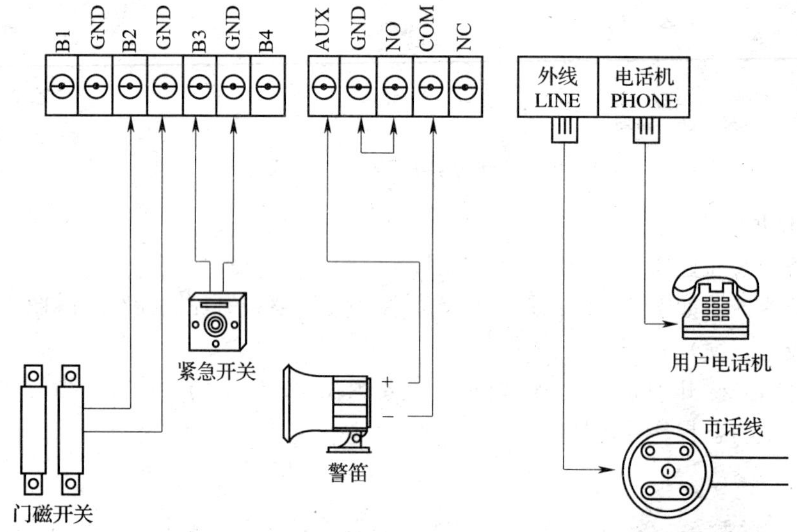

图 3—44　小型防盗报警控制器与有线门磁开关、紧急开关、警笛和电话线的连接

（2）小型防盗报警控制器与有线红外探测器的连接（见图 3—45）

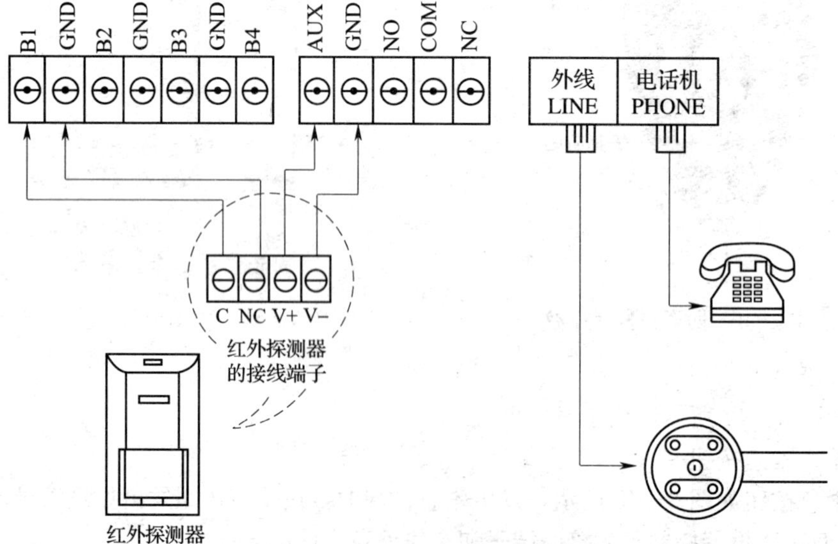

图 3—45　小型防盗报警控制器与有线红外探测器的连接

4. 小型防盗报警控制器的操作

以 SK－968C 为例说明，其他小型防盗报警控制器虽然具体操作方法不一样，但操作步骤大同小异。

（1）操作面板（见图 3—46）

（2）报警电话的设置

1）按下“复位”键，显示屏光标开始闪烁。

2）按下“电话”键，出现“滴滴”的声音。

3）输入“报警该电话号码”的序号，按下“确认”键。

4）输入报警电话号码，按下“确认”键，完成设置。

（3）布防延时时间的设置

1）按下“复位”键，显示屏光标开始闪烁。

2）按下“编程”键，出现“滴滴”的声音。

3）输入特征验证码（如 08），按下“确认”键。

4）输入延时时间（如 0930123），按下“确认”键，完成设置。延时时间的含义如图 3—47 所示。

图 3—46　小型防盗报警控制器的操作面板

09	30	123
从检测到报警信号到发出报警的延时时间	从按下“布防”键到进入警戒状态的延时时间	不需要延时的布防区域

图 3—47　延时时间的含义

（4）独立防盗报警系统的调试

1）在供电正常情况下，探测器通电后约 80 s 内，探测器上的红色步行测试灯亮一下（闪一下然后熄灭），系统工作正常。

2）在布防状态下，以 0.3～3 m/s 的速度步行 3～4 步，观察步行测试灯亮，系统工作正常。

3）如果没有发光指示，应重新调整探测器角度和灵敏度，直至达到要求。

三、区域防盗报警控制器和集中防盗报警控制器及防盗报警中心控制台

1. 结构示意图

将多个区域防盗报警控制器联网在一起，就构成了小区防盗报警系统（见图 3—48）。

将多个集中防盗报警控制器（设置在各物业小区管理处）联网在一起，就构成了区域防盗报警系统（见图 3—49、图 3—50）。

2. 集中防盗报警控制器、区域防盗报警控制器及相关辅助设备

（1）集中防盗报警控制器

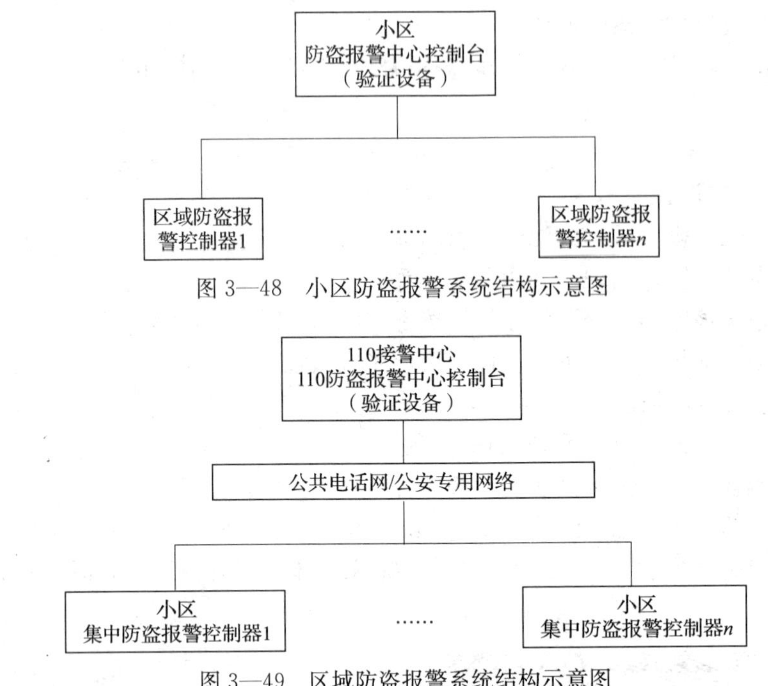

图 3—48　小区防盗报警系统结构示意图

图 3—49　区域防盗报警系统结构示意图

分控工作站
分控工作站
城市联网
接警中心
TCP/IP 网络
防盗报警系统
主控计算机
网络接口模块
RS232 通信
接口模块
警灯
网络接口模块
键盘
继电器模块
联动接口
集中防盗报警控制器
集中防盗报警控制器
集中防盗报警控制器

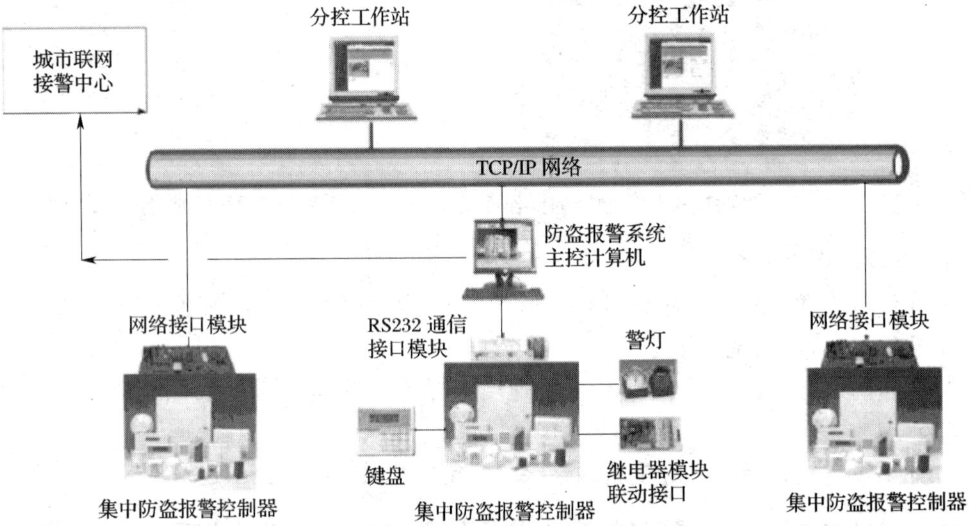

图 3—50　区域防盗报警系统实物连接示意图

集中防盗报警控制器一般先和小型（或区域）防盗报警控制器连接，然后再和小区管理中心（或 110 接警中心）连接，是承上启下的主要设备（见图 3—51）。

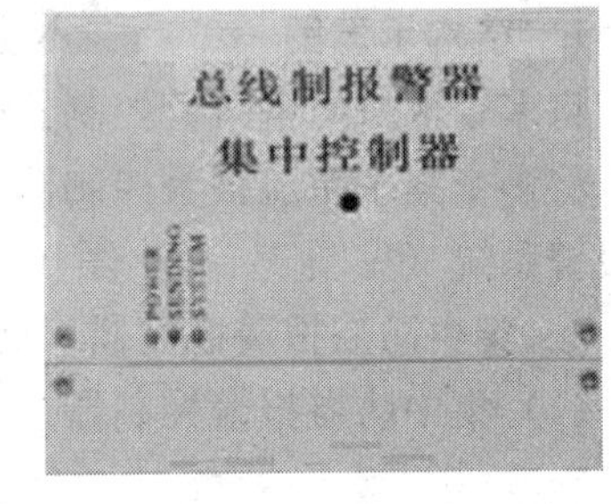

图 3—51　集中防盗报警控制器

（2）区域防盗报警控制器

区域防盗报警控制器有编制布防、撤防区域等功能。目前，该类产品种类繁多，不同厂家按键的位置不同，按键标注也不相同，但按键的功能基本相同（见图 3—52）。

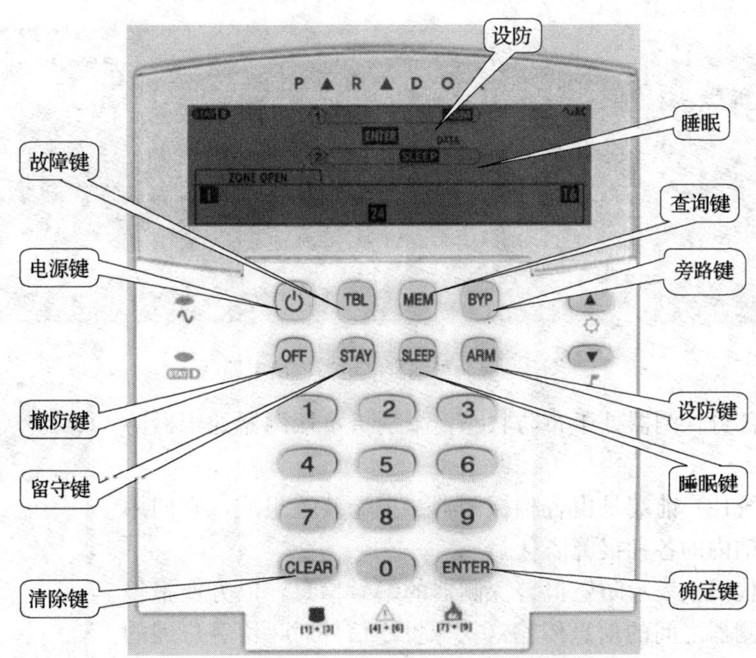

图 3—52　区域防盗报警控制器

（3）相关辅助设备

1）网络（计算机）接口模块。网络（计算机）接口模块连接在网络与集中（或区域）防盗报警控制器之间，用于信息上网传输（见图 3—53）。

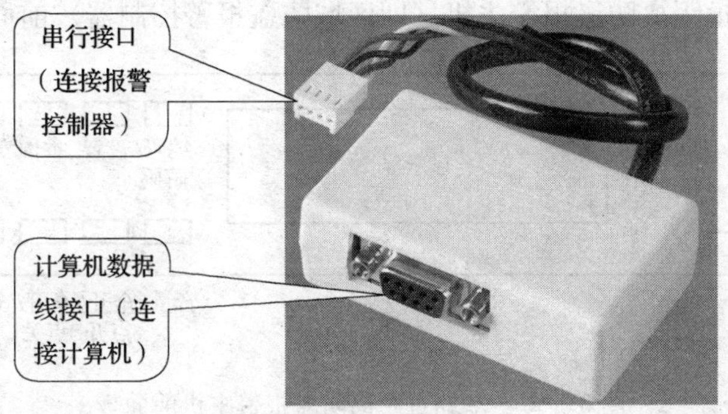

图 3—53　网络编程接口模块

2）继电输出模块。继电输出模块是连接防盗报警主机与联动设备的桥梁，推动输出设备工作（如警号发出报警声音、警灯闪烁等）（见图 3—54）。

3）扩展模块。防盗报警主机现有的接口不够用时，通过扩展模块可以使布防区域扩大（见图 3—55）。

3. 相关常用术语

全开：使全部探测器进入设防状态。

点开：大部分探测器处于撤防状态，个别指定探测器处于布防状态。

全关：使全部探测器进入撤防状态。

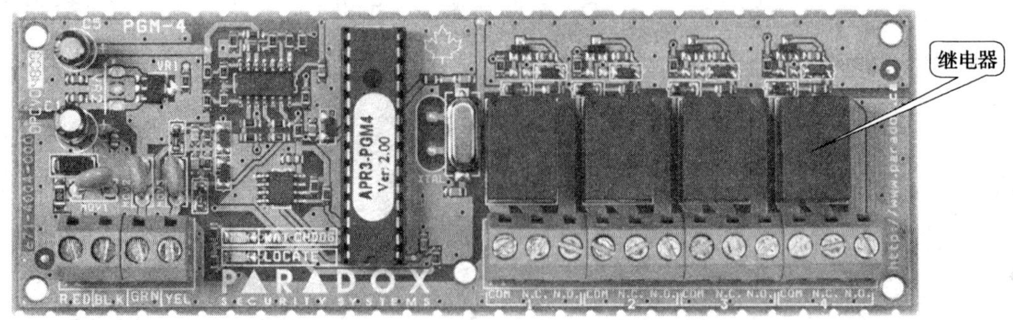

图 3—54　可编程继电器输出电路板

点关：大部分探测器处于布防状态，个别指定探测器处于撤防状态。

前端：系统住户前端是由各种探测器、报警装置组成，它们用于提供探测范围内的各种报警信息。

编码：用代码来表示防盗报警探测器的编号信息，以方便报警主机与报警探测器之间的信息传输（就像投递信件时，给客户编的门牌号码一样）。

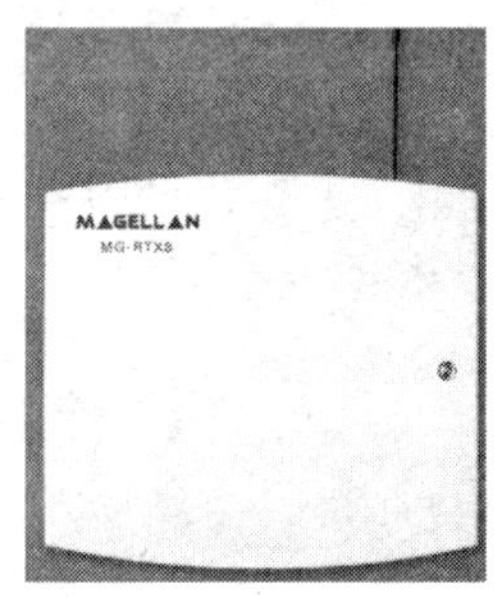

图 3—55　扩展模块

4. 区域防盗报警控制器的使用

区域防盗报警控制器种类繁多，不同的厂家有不同的操作方法，但是各种操作方法所要完成的主要内容是一样的，即编码、布防、撤防等。现在以“99 路远距离防盗报警系统”为例加以说明。

（1）熟悉 99 路远距离防盗报警主机（即区域防盗报警控制器）前面板（见图 3—56）

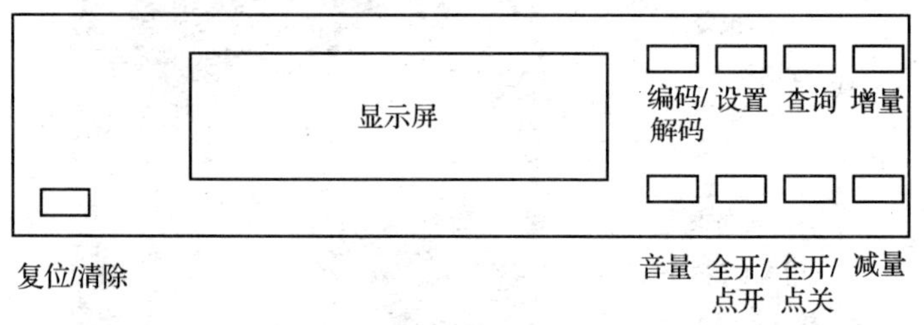

图 3—56　99 路远距离防盗报警主机前面板

（2）给报警探测器编码

设置步骤如下：

1）首先按一下“编码/解码”键。

2）再由“增量”键或“减量”键选择所需的编号，将报警主机后板的光编码器对准探测器下方的光敏器件。

3）再次按下“编码/解码”键即可。

4）最后，如果编码有效，报警主机将发出发音时间较短的“滴滴”响声，如果本次编码无效，报警主机发出表示操作无效的发音时间较长的“嘟……嘟”响声。

（3）用报警控制器布防

全开设置步骤如下：

1）持续按住“全开/点开”键，暂时不用理会显示和发出的响音。

2）再单击“复位/清除”键，即可将全部的探测器设定成设防状态。

点开操作步骤如下：

1）单击“全开/点开”键。

2）再由“增量”键或“减量”键选择进行操作的探测器编号。

3）再次单击“全开/点开”键。

（4）用报警控制器撤防

全关设置步骤如下：

1）在布防状态下，持续按住“全关/点关”键，暂时不用理会显示和发出的响音。

2）再单击“复位/清除”键，即可将全部的探测器设定成撤防状态。

点关操作步骤如下：

1）在布防状态下，单击“全关/点关”键。

2）再由“增量”键或“减量”键选择进行操作的探测器编号。

3）再次单击“全关/点关”键。

一、实训内容

1. 小型防盗报警控制器的操作。
2. 小型防盗报警控制器的简单故障排除。

二、实训器材

实训器材见表 3—4。

表 3—4　　实训器材明细表

编号	名称	数量
1	小型防盗报警控制器	5
2	遥控器	5
3	被动红外探测器	5
4	门磁开关	10
5	警笛	5
6	紧急开关	5
7	万用表	5
8	导线	若干

三、实训步骤

1. 按图 3—44、图 3—45 连接好防盗报警控制器与门磁、被动红外探测器、警笛、紧急开关等设备，组成一个独立防盗报警系统。

2. 参照“小型防盗报警控制器的操作”中的介绍和说明书设置报警电话和布防延时时间。

3. 在教师指导下，练习排除防盗报警控制器的常见故障。几种常见的防盗报警系统的故障见表 3—5。

表 3—5　　几种常见的防盗报警系统的故障表

故障现象	可能原因	解决方法
不能进行系统设置	1. 设置方法不正确 2. 电话线没有接好	1. 按说明书重新操作 2. 重新插接
不能电话报警	1. 未布防 2. 未设置报警电话 3. 组件安装不当，超出报警范围 4. 编码错误	1. 按说明书进行布防操作 2. 按说明书进行报警电话设置操作 3. 调整组件位置 4. 按说明书重新进行编码操作
报警时无录音提示	未录制报警提示声	按说明书重新进行录音操作
录音提示声小	1. 录音时离主机录音孔距离较远 2. 主机电量不足	1. 调整距离重新录音 2. 更换主机电池
红外探测器失灵	电量不足	更换探测器电池
遥控器失灵	1. 电量不足 2. 编码与主机不匹配 3. 电池弹簧片接触不良或锈蚀 4. 遥控器与主机不匹配	1. 更换同型号的电池 2. 重新对码 3. 清除弹簧片上的锈蚀污垢 4. 更换与主机匹配的遥控器
主机接收 （红外探测器、门磁、遥控器等） 信号的距离减退	1. 附近有另外的发射器在发码 2. 主机接收部件故障 3. 主机电源没有插好	1. 找到干扰源后并隔离 2. 用同型号的主机替换，如故障排除，更换或维修主机 3. 检查主机电源是否插好
警笛不报警	1. 警笛内部短路或断路 2. 插头与插孔接触不良 3. 插头处断线 4. 警笛关闭	1. 维修或更换警笛 2. 维修插头或插孔 3. 重新设置使警笛处于报警状态
主机每隔三十秒发出 B 音声响	未设置录音或报警电话号码	1. 按说明书操作设置录音 2. 按说明书操作设置报警电话号码

四、评分标准

内容	要求	配分	评分标准	扣分	得分
连线	连接正确、牢固	30	错误一点，扣 5 分		
设置	设置步骤正确、方法恰当	30	漏一步，扣 5 分		
故障排除	思路清晰、方法正确	40	1. 排除不能电话报警故障，获 15 分 2. 排除红外探测器失灵故障，获 15 分 3. 排除警笛不报警故障，获 10 分		

总分：________

模 块 四

视频监控系统

视频监控系统又称为闭路电视监控系统，是通过对建筑物的公共区域、重要场所或设备间的情景状态进行监视，来实时、形象、真实地反映被监视区域内设备运行和人员活动情况，以便及时发现该区域内发生的紧急事件（如盗窃、险情等），为小区管理人员和公安机关提供决策依据。它还可以与防盗报警系统等其他安全技术防范系统联动运行，进一步提高用户安全防范能力。视频监控系统由摄像、传输分配、控制、图像处理与显示等几部分组成。

视频监控系统
- 摄像部分（前端）：将被监视区域内的情景状态进行摄像并转化为电信号的设备
- 传输分配部分：将摄像机发出的视频信号传送到控制中心或其他监视点的设备
- 控制部分：有选择地送入显示信号或记录信号，并能远距离遥控的部分
- 图像处理与显示部分：对传送的视频信号进行显示、切换、记录、重放、加工和复制等操作的部分

课题一　摄 像 部 分

1. 了解摄像机的种类和特点。
2. 掌握云台和摄像机的安装、使用。
3. 掌握云台、摄像机等的选择方法。

摄像部分包括摄像机、云台、防护罩及解码器等设备。

摄像部分
- 摄像机：将图像信号转换成电信号
- 云台（或支架）：承载摄像机，并能带动摄像机转动
- 防护罩：保护摄像机不受外力破坏
- 解码器：连接控制设备和摄像部分的桥梁，起到识别和解析控制信号的作用

摄像机是摄像部分的核心，它的任务是观察、收集信息。其中，有些摄像机具有预制点（在监控区域内设置若干个监控重点，监控画面在这些重点区域跳来跳去），自动巡航（在某一监控区域内摄像机不停地循环扫描），焦距控制（根据监控物的远近自动改变镜头焦距，从而获得清晰的图像），光圈控制（根据监控区域光线明暗的变化自动改变光圈，从而获得

清晰的图像），背光补偿控制（背景太亮而监控物太暗时，自动开启红外灯，从而获得清晰的图像）和自动跟踪（锁定监控对象，镜头随着监控对象移动而移动的现象）等功能。

一、摄像部分的主要设备

1. 摄像机

摄像机种类繁多，按照不同的分类方法可以分成不同的种类。按摄像器材类型分，有电真空摄像器材类和固体摄像器材类；按安装方式分，有吊装式、侧装式和嵌入式；按外形分，有球形摄像机、半球形摄像机和枪形摄像机等。

（1）按外形分类

1）枪形摄像机。枪形摄像机（简称枪机）主要由摄像头和镜头两部分组成，它广泛应用于小区、道路、酒店、停车场、广场、银行、商场、体育馆、医院等公共场所，具有广角监控和远距离监控等功能。其中，黑白枪机主要用于光线不充足地区及夜间无法安装照明设备的地区。

①彩色（普通型）枪机。彩色（普通型）枪机如图 4—1 所示，主要用于室内较安全的场所。

②防水彩色枪机。防水彩色枪机如图 4—2 所示，在枪机上加装了防护罩，具有防雨、防尘等功能，一般用于室外。

图 4—1　彩色枪机

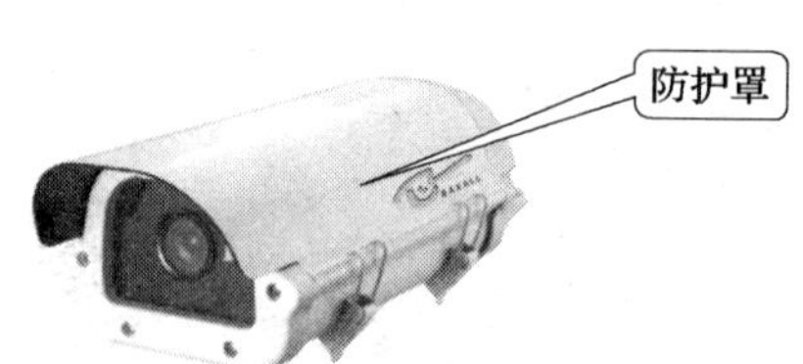

图 4—2　防水彩色枪机

③红外防水彩色枪机。红外防水彩色枪机如图 4—3 所示，除了具有防水功能外，还具有红外灯功能（即具有夜视功能），主要用于室内、室外等光线不足或无光源的日夜监控场所。

图 4—3　红外防水彩色枪机

2）半球形摄像机。半球形摄像机比较适合在办公场所和装修档次高的场所使用，具有安全性能高、隐蔽性能好等特点。

①彩色半球形摄像机。彩色半球形摄像机如图 4—4 所示，具有隐蔽性好、防爆能力强的特点。

②红外半球形摄像机。红外半球形摄像机如图 4—5 所示，主要用于室内、室外等光线不足或无光源的日夜监控场所。

3）球形摄像机。球形摄像机中用途最广泛的是高速球形摄像机（按照球形摄像机内云台电动机的转速，球形摄像机可分为高速、中速和低速三种，所谓高速球形摄像机是指镜头由某一位置转动到指定位置所需的时间较短），经常应用于停车场、游乐园、大型购物中心、机场、火车站、高速公路、城市道路和广场的监控。球形摄像机一般都有防护罩，如图 4—6 所示，防护罩主要有防爆保护和防水防尘等功能。

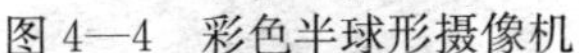

图 4—4　彩色半球形摄像机　　　　图 4—5　红外半球形摄像机

①低速球形摄像机。低速球形摄像机（见图 4—6）的云台电动机转速为 0～30°/s，跟踪速度较慢。

②中速球形摄像机。中速球形摄像机的云台电动机转速为 0°～60°/s，跟踪速度较快。

③高速球形摄像机。高速球形摄像机的云台电动机转速为 0°～360°/s，跟踪速度极快。

④红外高速球形摄像机。红外高速球形摄像机（见图 4—7）主要用于室内、室外等光线不足或无光源的日夜监控场所。

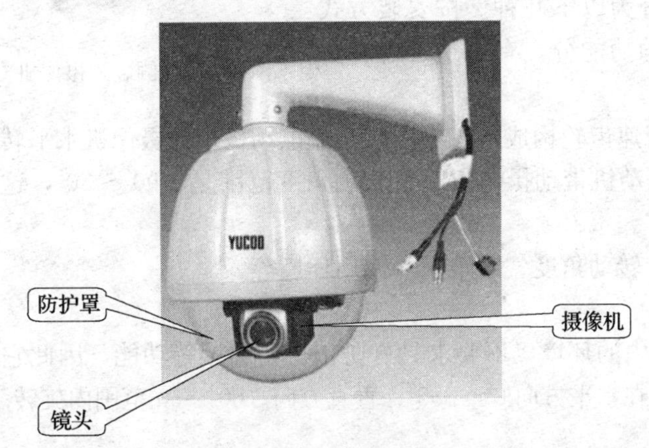

图 4—6　低速球形摄像机

图 4—7　红外高速球形摄像机

（2）按安装方式分

1）嵌入式摄像机。这种安装方式占用空间小，隐蔽性好，一般安装在天花板上（见图 4—8）。

2）吊装式摄像机。这种安装方式监控范围广，视角开阔，一般安装在天花板上（见图 4—9）。

3）侧装式摄像机。这种安装方式包括侧墙安装和墙角安装两种方式，其中墙角安装方式监控范围较广（见图 4—10）。但是，不论哪种安装方式所使用的摄像机都是侧装式摄像机，并且都安装在侧墙上。

图 4—8　嵌入式摄像机

图 4—9　吊装式摄像机

2. 云台

云台是一个在水平及垂直两个方向上旋转的摄像机底座，它增加了摄像机的可视范围，起支撑、带动摄像机的作用。

摄像机云台是由交流电动机驱动的摄像机安装平台，一般情况下它可以带动摄像机在水平或垂直两个方向转动，从而实现摄像机的自动跟踪或远程控制等功能。

图 4—10　侧装式摄像机

摄像机云台种类很多，通常可分为以下几种。按安装方式分，有顶装云台和侧装云台；按运动功能分，有水平云台和全方位云台。

云台内部由两台交流电动机和减速齿轮构成，其中一台交流电动机带动摄像机水平转动角度范围是 0°～360°，另一台交流电动机带动摄像机垂直转动角度范围是－90°～30°，这样就能消除死角，使监视范围更加宽广。

云台技术指标主要有转动速度、转动角度、载重量和使用环境等。

（1）室内云台

室内云台（见图 4—11）用于室内的环境，不要求具有防水、防腐蚀等功能，因此它的体积小、重量轻。一般室内云台能够在水平方向 0°～355°、垂直方向－60°～60°范围内旋转。

（2）室外云台

室外云台（见图 4—12）一般都具有密闭防雨功能，在云台的所有结合部位都使用了密封垫圈。

图 4—11　室内云台

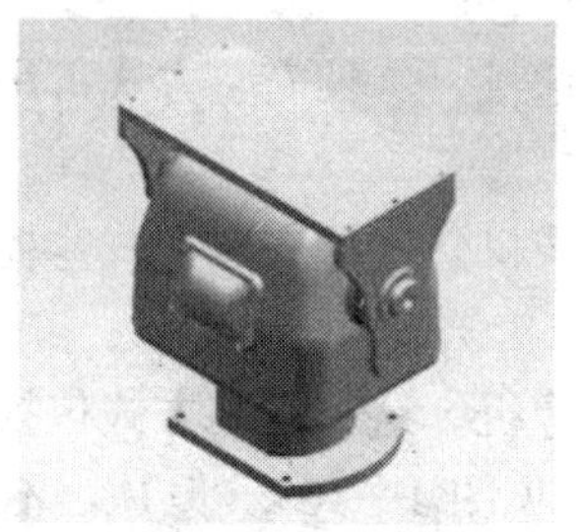

图 4—12　室外云台

(3) 支架

支架起到固定和支撑作用。

1) 吊装支架。吊装支架(见图 4—13)安装在天花板上。

2) 侧装支架。侧装支架(见图 4—14)安装在墙壁上。

3) 带有万向节的支架。带有万向节的支架(见图 4—15)安装在人手能够触及的地方,用人工的方式调节摄像机的监控范围。

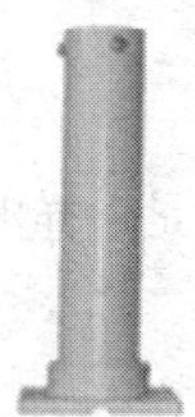

图 4—13 吊装支架

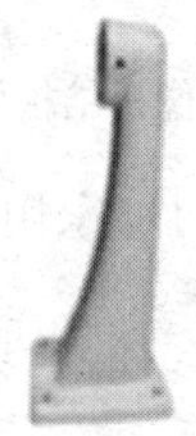

图 4—14 侧装支架

图 4—15 带有万向节的支架

3. 防护罩

防护罩有遮风避雨、防外力破坏的功能,分为枪形防护罩和球形防护罩两类,如图 4—16 和图 4—17 所示。

图 4—16 枪形防护罩

图 4—17 球形防护罩

4. 解码器

解码器(见图 4—18)一般安装在摄像机内,起着控制云台(镜头)转动、镜头变焦(镜头可以拉近、拉远)和改变光圈大小等作用。

二、摄像机的结构、工作原理和主要参数

1. 摄像机的基本结构

摄像机是镜头和摄像头的总称,通常情况下镜头和摄像头是分开购买的。

摄像头是以 CCD(电荷耦合器件)图像传感器为核心部件,外加同步信号产生电路、视频信号处理电路及电源等组成,镜头是由一组透镜组成的,如图 4—19 所示。

2. 摄像机的工作原理

被拍摄物体反射光线,传播到镜头,经镜头聚焦到 CCD 上,CCD 根据光的强弱积聚相应的电荷,经周期性放电,产生表示一幅幅画面的电信号,经过滤波、放大处理,通过摄像头的输出端子输出一个标准的复合视频信号。

图 4—18 解码器

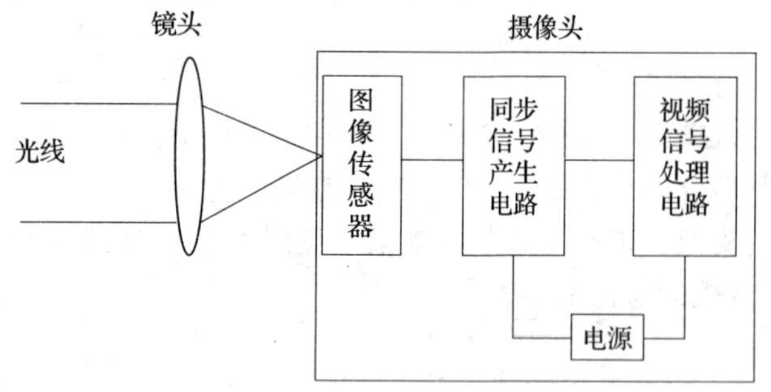

图 4—19　摄像机结构框图

这个标准的视频信号同家用的录像机、VCD 机、家用摄像机的视频输出是一样的，所以也可以录像或接到电视机上观看。

3. 摄像机的主要参数

（1）镜头的参数

镜头就像眼睛的晶状体，它直接决定了成像质量。镜头的主要参数有成像尺寸、焦距和视场角。

镜头成像尺寸要和图像传感器（简称靶面，相当于眼睛的视网膜）尺寸相匹配，成像尺寸大于靶面尺寸时，成像的画面四周被镜筒遮挡，在画面的 4 个角上出现黑角。

焦距越长能看清的物体越远，能看清的场景越广。高端镜头一般都配备了电动变焦装置，以便根据被观测对象的不同，及时改变镜头的焦距，生成清晰的画面。

镜头有一个确定的视野，镜头对这个视野的高度和宽度的张角称为视场角。如果所选择的镜头的视场角太小，可能会因此出现监视死角，镜头的焦距 f 越短，其视场角越大。

（2）摄像头的参数

摄像头主要的参数包含分辨率、最低照度和信噪比等。

分辨率是衡量摄像机优劣的一个重要参数，它指的是当摄像机拍摄等间隔排列的黑白相间条纹时，在监视器（应比摄像机的分辨率高）上能够看到的最多线数。

照度是反映光照强度的一个物理量，物理意义是照射到单位面积上的光通量。最低照度指的是当被拍摄景物的光亮度低到一定程度而使摄像机输出的视频信号电平低到某一规定值时的景物光亮度值。当监测环境亮度低于这一数值时，显示屏上将会出现很难分辨出层次的、灰暗的图像。

信噪比是指放大器的输出信号的电压与同时输出的噪声电压的比，信噪比越大图像质量越好、噪声越小。

三、摄像机的选择、安装和调试

1. 镜头的选择

摄像机镜头是把被观察目标的光像聚焦于摄像管的靶面上，再由传感器将光信号转换为电信号对外传送的设备。按功能和操作方法可分为定焦镜头（见图 4—20）和变焦镜头（见图 4—21、图 4—22）两大类。

摄像机镜头
- 定焦镜头
  - 常用镜头
  - 特殊镜头
- 变焦镜头

a）广角定焦镜头

b）标准定焦镜头

图 4—20　定焦镜头

a）手动光圈手动变焦镜头

b）自动变焦

图 4—21　变焦镜头

选择合适镜头需要考虑下列因素：景物的亮度；处于焦距内的摄像机与被摄体之间的距离；再现景物的图像尺寸。具体选择步骤如下：

（1）选择成像尺寸

根据使用场所和监视区域选择镜头尺寸。1 in 和 $1\frac{3}{4}$ in 的摄像机多数用于专用的演播室；1 in 以下（包括 1/4 in、1/3 in 、1/2 in、2/3 in、1 in 五种）的摄像机多用于视频监控系统。

图 4—22　电动变焦自动光圈镜头

（2）选择镜头的焦距

焦距与视场角成反比，根据视场角的大小镜头可分为以下几种：

镜头 {
- 长角镜头
- 标准镜头
- 广角镜头
- 超广角镜头
- 鱼眼镜头

其中，长角镜头、标准镜头和广角镜头常用于视频监视系统。

如图 4—23 所示，f 为焦距，a、b 为镜头成像尺寸，L 为视距，H 为视场垂直高度，W 为视场宽度。

表 4—1　　各种镜头的对比

镜头名称	区　别
长角比标准	焦距较长，监控距离远
广角比标准	视场角较大，监控范围宽

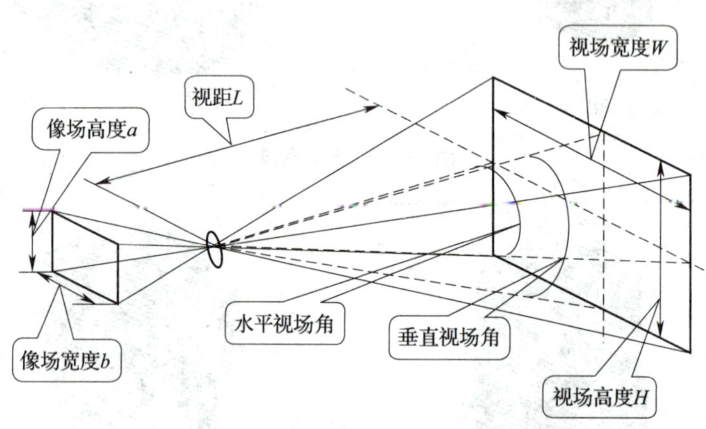

图 4—23　物体在靶面上成像示意图

计算公式如下：

$$f=\frac{aL}{H}$$

$$f=\frac{bL}{W}$$

例： 用 1/2 in 的镜头（1 in=25.4 mm）监控离镜头 0.85 m 远的一栋建筑物，建筑物高 3 m，宽 2.5 m。问应选择焦距为多大的镜头画面上不会出现黑角现象。

解： 根据题意知

$$a=12.7\ \text{mm},\ b=12.7\ \text{mm},\ W=2.5\ \text{m}=2\ 500\ \text{mm},$$
$$H=3\ \text{m}=3\ 000\ \text{mm},\ L=0.85\ \text{m}=850\ \text{mm}$$

带入公式　$f=\frac{aL}{H}$，$f=\frac{bL}{W}$，可知

$$f=\frac{bL}{W}=12.7\times850/2\ 500\ \text{mm}=4.32\ \text{mm}$$

$$f'=\frac{aL}{H}=12.7\times850/3\ 000\ \text{mm}=3.60\ \text{mm}$$

又由于焦距与视场角成反比，所以选择较小的值为镜头的焦距，最后选取焦距为 3.5 mm 的镜头（因为该系列镜头满足要求）。

2. 镜头的安装

安装镜头时，首先去掉摄像机及镜头的保护盖，然后将镜头轻轻旋入摄像机的镜头接口并使之到位。对于自动光圈镜头，还应将镜头的控制线连接到摄像机的自动光圈接口上，对于电动两可变镜头或三可变镜头，只要旋转镜头到位，则暂时不需校正其平衡状态。

3. 镜头的调试

（1）调试的目的

调试的目的是使呈现在监视器上的画面较为清晰。调试主要是调镜头的焦距、光圈等。

（2）调试步骤

1）用线缆将摄像机连接到矩阵切换器主机上，并打开设备电源。

2）打开监视器并观察监视器中的画面。

3）在镜头前放置一个物体，放松镜头上的固定螺钉（一般有两个）。

4）调节镜头的焦距（在镜头上标识为 N↔∞），使监视画面达到清晰，然后把对应的固定螺钉旋紧。

5）调节聚焦（在镜头上标识为 W↔T），使监视画面最清晰，把对应的固定螺钉旋紧。

四、其他摄像机的简介

1. 网络摄像机的简介

网络摄像机是结合传统摄像机与网络技术所产生的新一代摄像机，它采用内置嵌入式芯片，采用嵌入式实时操作系统。它可以将影像通过网络传至任何地方，浏览者不需要用任何专业软件即可观看到远方的视频图像。

网络摄像机一般由镜头、图像传感器、声音传感器、A/D 转换器、图像控制器、声音控制器、网络服务器、外部报警、控制接口等部分组成。

网络摄像广泛应用于教育、商业、医疗、公共事业等各领域。

如图 4—24 所示是网络摄像机与用户终端连接图（直接连到网络上）。

2. 一体化摄像机的简介

一体化摄像机现在专指可自动聚焦、镜头内建的摄像机，其技术从家用摄像机技术发展而来，与传统摄像机相比，一体化摄像机体积小巧、美观，安装、使用方便，监控范围广，性价比高，在成功应用于教育行业视频展示台之后，正对安防产业监控系统形成新一轮的冲击。它既不是半球形摄像机与云台的结合体，也不是球形摄像机与云台的结合体。

如图 4—25 所示，一体化摄像机的镜头是藏于摄像头内的，不像一般的摄像机镜头突出在外。

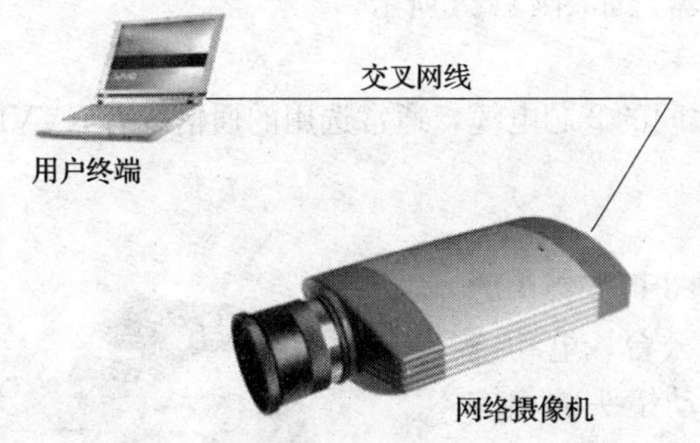

图 4—24　网络摄像机与用户终端连接图

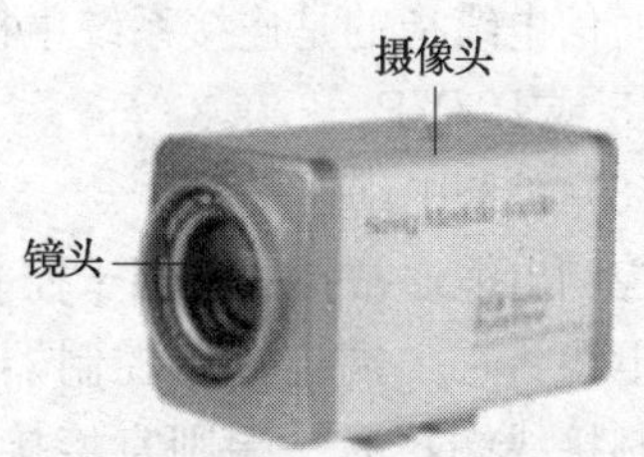

图 4—25　一体化枪形摄像机

五、常用传输电缆

电缆传输是最基本的传输方式。在视频监控系统中，在 1 km 以内，一般都是直接通过电缆连接的。其中，摄像机输出的视频信号采用同轴电缆连接；拾音头输出的音频信号采用3芯屏蔽电缆连接；报警探测器输出的开关量信号采用2芯非屏蔽电缆连接；中心控制主机发出的控制指令则通过2芯屏蔽双绞线与前端解码器连接；另外，前端解码器到云台及电动镜头之间还需采用较短的多芯电缆连接。

1. 视频电缆及连接器

视频电缆选用75 Ω的同轴电缆，通常使用的电缆型号为SYV－75－3和SYV－75－5，它们对视频信号的无通信中继器传输距离一般为300～500 m。当长距离无中继传输时，由于视频信号的高频成分被过多地衰减而使图像变模糊（表现为图像中物体边缘不清晰，分辨率下降），视频电缆线中间不容许有接头。

通信中继器主要起着信号放大作用，相当于信号的“加油站”，每级中继器最远跨接距离仍为1 200 m。

视频电缆与设备的连接通常采用BNC连接器，个别设备也有选用RCA连接器（即莲花插头及插座，见图4—26）。

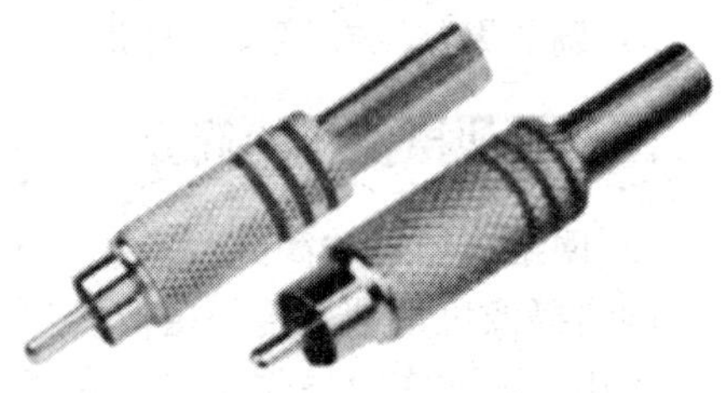

图4—26　莲花插头

2. 音频、通信及控制电缆

（1）音频电缆

音频电缆通常选用2芯屏蔽线（见图4—27），屏蔽层仅用来防止干扰，常用的音频电缆有RVVP－2/0.3或RVVP－2/0.5。

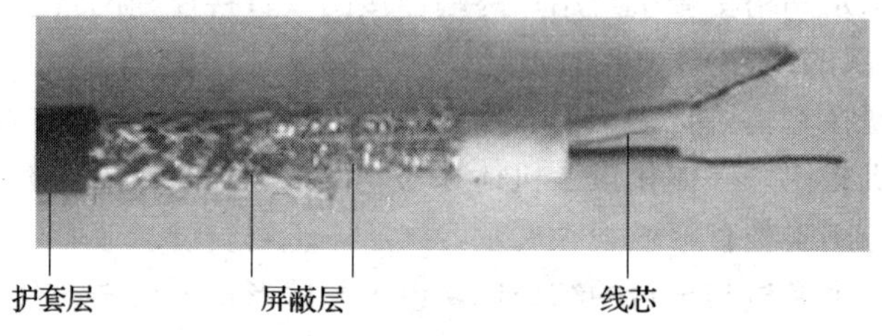

图4—27　2芯屏蔽音频电缆

音频电缆与设备的连接通常为RCA连接器，如图4—28所示。

（2）通信电缆

通信电缆指的是连接系统主机与解码器之间的2芯电缆，通常选用的通信线有RVVP－2/0.15或RVVP－2/0.3等。

（3）控制电缆

控制电缆通常指的是用于控制云台及电动3可变镜头的多芯电缆，它一端连接于控制器或解码器的云台、电动镜头控制接线端，另一端则直接接到云台、电动镜头的相应端子上。常用的控制电缆大多为6芯电缆或10芯电缆。

其中，从摄像机到解码器的空间距离比较短（通常都是在几米范围内），因此控制电缆一般不作特别要求，如图4—29所示。

图4—28　RCA连接器及连线

而控制器到云台及电动镜头的距离少则几十米，多则几百米，在这样的监控系统中，对控制电缆就有一定的要求，即线径要粗，如图 4—30 所示。

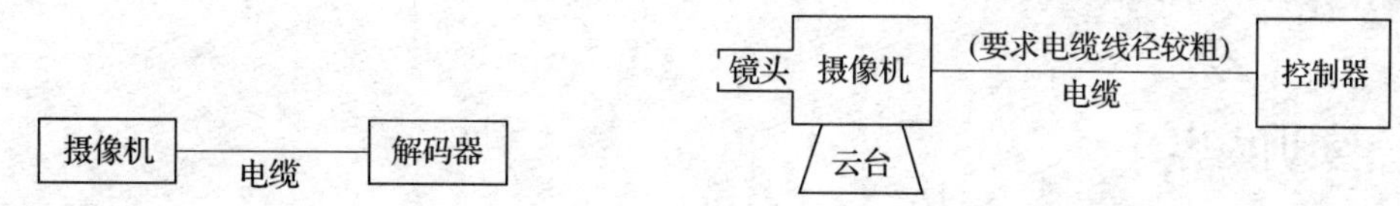

图 4—29　摄像机与解码器的连接电缆　　　图 4—30　摄像机与控制器的连接电缆

六、摄像机的接线

1. 一体化摄像机

如图 4—31 所示，一体化摄像机共有 5 根引出线。

2. 高速球形摄像机

如图 4—32 所示，高速球形摄像机共有 5 根引出线。

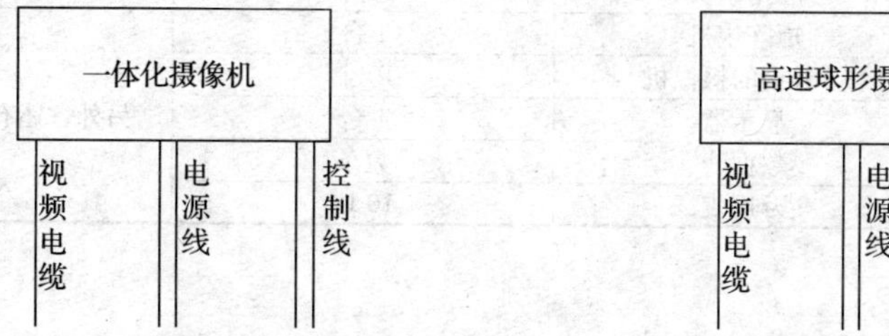

图 4—31　一体化摄像机引出线示意图　　　图 4—32　高速球形摄像机引出线示意图

3. 彩色半球形摄像机

如图 4—33 所示，彩色半球形摄像机共有 3 根引出线。

4. 彩色枪形摄像机

如图 4—34 所示，彩色枪形摄像机共有 3 根引出线。

5. 黑白枪形摄像机

如图 4—35 所示，黑白枪形摄像机共有 3 根引出线。

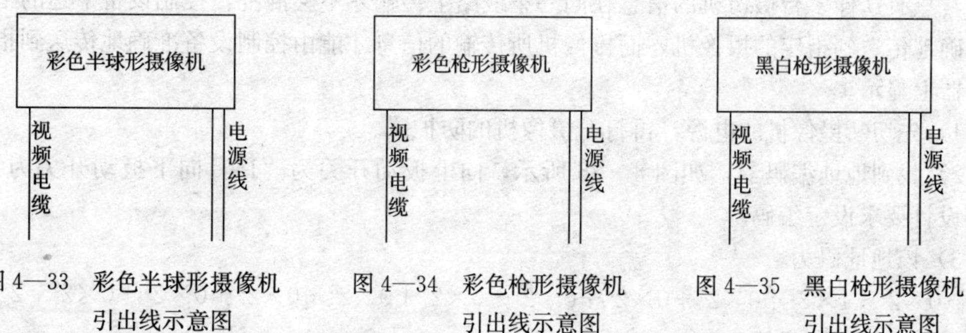

图 4—33　彩色半球形摄像机引出线示意图　　　图 4—34　彩色枪形摄像机引出线示意图　　　图 4—35　黑白枪形摄像机引出线示意图

一般，凡是有 5 根引出线的摄像机是带云台的（其中 2 根控制线接云台），凡是有 3 根引出线的摄像机不带云台。

一、实训内容

摄像机云台的维修。

二、实训器材

实训器材见表 4—2。

表 4—2 实训器材

设备名称	型号	数量	备注
摄像机镜头	长角镜头	10 个	$\frac{2}{3}$ in 和 $\frac{1}{2}$ in 镜头各一半
	标准镜头	10 个	
	广角镜头	10 个	
带云台的摄像机系统	矩阵主机	1 台	另外，还有电源、模块等
	带云台的摄像机	10 个	
	显示器	1 台	
	数据线	数条	
	万用表	10 块	

三、实训步骤

1. 镜头的选择和安装

按照“摄像机的选择、安装和调试”中介绍的方法，根据实训场地的实际需求，选择合适的摄像机镜头并安装。

2. 云台解码器的设置

解码器的一般设置方法如下。

（1）地址码的设置

地址码就是摄像机的身份标志，像门牌号码一样，每一个摄像机都有一个自己独有的地址码，只有这样多台摄像机的信息在同一条线路上传输才不会混乱，控制设备下达的指令才能准确地传送到指定的摄像机，而摄像机所传输的信息才能由控制设备准确地传送到指定的显示器上显示。

1）先切断摄像机的电源，再打开摄像机的防护罩。

2）找到地址编码器，如图 4—36 所示，向上扳动开关为“1”，向下扳动开关为“0”，根据设计要求设定编码。

3）该地址码为

$$0\times2^0+1\times2^1+0\times2^2+0\times2^3+0\times2^4+0\times2^5+0\times2^6+0\times2^7+0\times2^8+0\times2^9=2$$

（2）协议码的设置

协议码就像开门的钥匙，只有输入正确的协议码才能从摄像机里获取图像信息。

1）先切断摄像机的电源，再打开摄像机的防护罩。

2）找到协议编码器，如图 4—37 所示，向上扳动开关为“1”，向下扳动开关为“0”，根据设计要求设定编码。

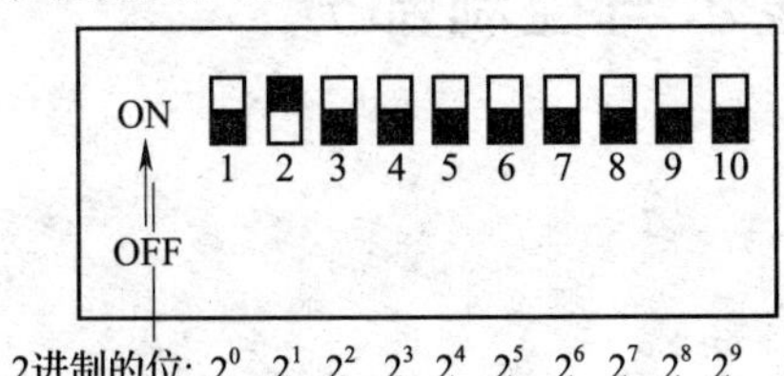

图 4—36 地址编码器

ON
OFF
1 2 3 4 5

图 4—37 协议编码器

3）该协议码为 01000。

3. 云台的维修

虽然不同厂家产品不同，但维修步骤基本相同，参照产品说明书，对照表 4—3，进行云台的维修练习。

表 4—3　　云台的维修对照表

故障	现象分析		排除方法
码转灯不闪（码转换器不工作）	解码器设置问题		按说明书重新设置
	COM 接口损坏		用万用表测试 COM 接口
	解码器电源故障		用万用表测试 25 针转换接口是否正常
无法控制解码器	继电器无声响	解码器电源故障	检查解码器是否获电
		485 接口未接好	重新插接 485 接口
		解码器协议不正确	按说明书重新输入协议
		波特率输入不正确	按说明书重新输入波特率
	继电器有声响	解码器故障	更换摄像机
		解码器的保险管烧断	更换保险管
无法控制云台	解码器的电源故障		维修解码器电源
	供电接口接错		重新连接
	UP、DOWN、PTCOM 接口接触不良		拔下来重新插接
	电路连接错误		按说明书要求重新连接一次
界面上无法操作	点击时无任何响应	地址码或协议码输入错误	重新输入两个编码
		系统有漏洞	安装补丁程序
云台动作不正常	检查云台连接端口	云台端口接触不良	拔下来重新插接云台端口
		解码器端口接触不良	拔下来重新插接解码器端口
图像有马赛克	软件问题		请供应商解决

四、评分标准

内容	要求	配分	评分标准	扣分	得分
镜头的选择和安装	按要求正确选择镜头并完成安装	20 分	1. 选择错误每次扣 5 分 2. 安装错误每步扣 5 分		
云台解码器的设置	会设置地址码、协议码	20 分	设置错误一处扣 10 分		
云台的维修	正确进行故障排除	40 分	排除方法和步骤错一处扣 10 分，排除效果不理想扣 5 分		
	符合安全生产规程	20 分	不按安全生产规程操作扣 2 分，没有小组合作计划的扣 10 分		

总分：______

课题二　图像显示与控制部分

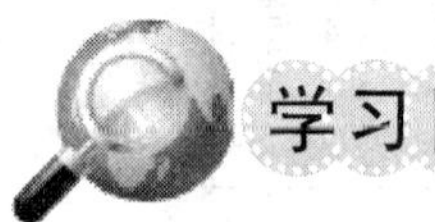

1. 了解画面分割器的种类，能够分析画面分割器的工作原理，并掌握画面分割器的安装、使用。

2. 了解硬盘录像机的种类，能够分析硬盘录像机的工作原理，并掌握硬盘录像机的安装、使用。

3. 了解监视器的结构。

图像显示与控制部分主要包括图像的显示、记录和控制两项功能。其中，图像显示部分是把从控制中心送来的电信号转换成图像在监视器上显示；图像记录和控制部分是根据需要将监视区域的图像录制在录像机内，备份待查（即重放）。为了节省设备和空间，一般情况下都采用一台监视器对应多台摄像机的配置，画面分割器能把几台摄像机送来的图像信号同时显示在一台监视器上，常用的有四分屏、九分屏和十六分屏等几种。

图像显示与处理部分由监视器、画面分割器、硬盘录像机等部分组成。

一、监视器

监视器即显示器，可以是独立的显示器（见图 4—38、图 4—39、图 4—40、图 4—41），也可以是由多个显示器组成的电视墙（见图 4—42）。

根据实际需要，在一个监视器上可以显示一路、四路、九路、十六路摄像机的监控画面，如图 4—38、图 4—39、图 4—40、图 4—41 所示。

图 4—38　彩色监视器（显示一路监控画面）

图 4—39　彩色监视器（显示四路监控画面）

图 4—40　彩色监视器（显示九路监控画面）

图 4—41　彩色监视器（显示十六路监控画面）

二、画面分割器

画面分割器对多个摄像机送来的视频信号进行处理（通过欠取样的手段对各路视频图像在水平和垂直方向进行压缩），并重新形成一路特定组合的视频信号送往监视器，使监视器上可以同时显示多个小画面，其中每一个小画面恰好对应一路摄像机的输入，如图 4—43 所示。其主要功能有：画面分割显示功能；画中画功能；放大功能；抓拍（画面冻结）功能；自动切换功能；报警功能和控制功能等。

图 4—42　监控电视墙

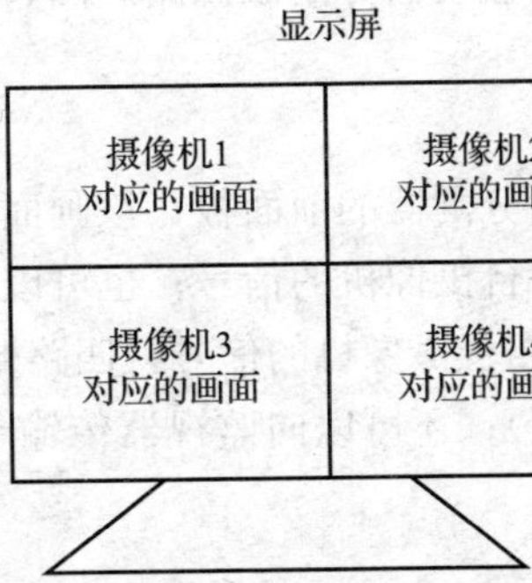

显示屏

摄像机1
对应的画面

摄像机2
对应的画面

摄像机3
对应的画面

摄像机4
对应的画面

图 4—43　四分屏画面分割示意图

1. 画面分割器的类型

常用的画面分割器有四路（见图 4—44、图 4—45）、九路（见图 4—46、图 4—47）与十六路（见图 4—48、图 4—49）三种。

图 4—44　四路画面分割器正面图

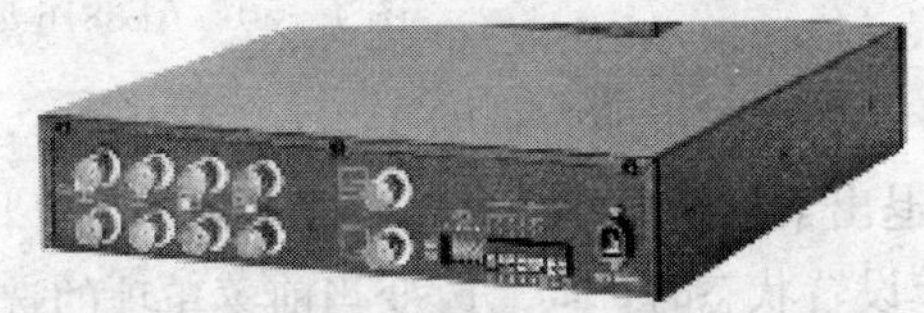

图 4—45　四路画面分割器背面图

图 4—46　九路画面分割器正面图

图 4—47　九路画面分割器背面图

图 4—48　十六路画面分割器正面图

图 4—49　十六路画面分割器背面图

其中，十六路画面分割器既能将监视器分割成四路画面、九路画面、十六路画面，也能实现画中画的功能，所以较为常用。

2. 画面分割器的接口和按键

如图 4—50 所示，是十六路画面分割器的前面板，该画面分割器最多可外接十六台摄像机。根据需要它可以向监视器传输一台摄像机的信号；也可以向监视器传输两台摄像机的信号（画中画）；也可以向监视器传输四台摄像机的信号（四路监控画面）；也可以向监视器传输九台摄像机的信号（九路监控画面）；还可以向监视器传输十六台摄像机的信号（十六路监控画面），所以较为常用。

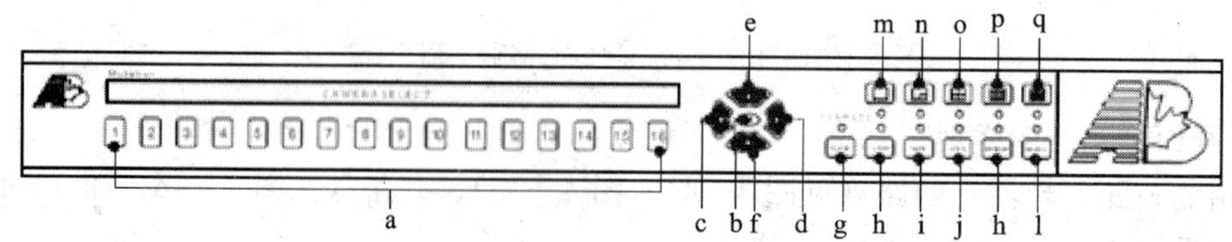

图 4—50　AB8816 型十六路画面分割器前面板

（1）按键说明（见图 4—50，其他产品的按键基本相同）：（a）摄像机选择键；（b）进入/退出菜单设置模式；（c）进入菜单设置状态时，向前改变当前菜单项的选项；（d）进入菜单设置状态时，向后改变当前菜单项的选项；（e）进入菜单设置状态时，向上选择的菜单项；（f）进入菜单设置状态时，向下选择的菜单项；（g）FUNC 键，通常与其他按键组合使用；(h) LIVE 键，实时摄像机图像显示键；(i) TAPE 键，图像浏览键；(j) SEQ 键，自动切换键；(k) FREEZE 键，抓拍键；(l) SELECT 键，选择显示键；(m) 全屏显示键，能实现 2 倍放大显示；(n) 画中画键；(o) 四路画面显示键；(p) 九路画面显示键；(q) 十六路画面显示键。

(2) 端口说明（见图 4—51）：(a) 电源输入端口；(b) 报警输入端口；(c) RS232 控制端口；(d) 主监视器接口；(e) 从监视器接口；(f) 录像输出接口；(g) 录像输入接口；(h) 视频源输出接口（接监控器）；(i) 视频源输入接口（接 16 台摄像机）。

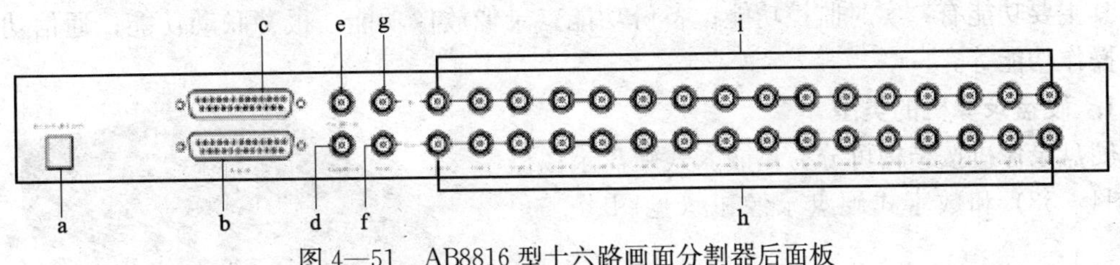

图 4—51　AB8816 型十六路画面分割器后面板

3. 画面分割器的工作原理

画面分割器采用图像压缩和数字化处理的方法，把几个画面按同样的比例压缩在一个监视器的屏幕上。有的画面分割器还带有内置顺序切换器的功能，此功能可将所有摄像机输入的全屏画面按顺序和间隔时间轮流输出显示在监视器上（如同视频矩阵切换器轮流切换画面那样），并可用录像机按上述的顺序和时间间隔记录下来，其间隔时间一般是可调的。

4. 画面分割器的连线

如图 4—52 所示，摄像机连接在画面分割器视频输入端口上，嵌入式硬盘录像机连接在画面分割器的录像机输入、输出两个端口上，主监视器连接在画面分割器的主监视器端口上，从监视器连接在画面分割器的从监视器端口上，报警探测器（探头）连接在画面分割器的 RS232 端口上。

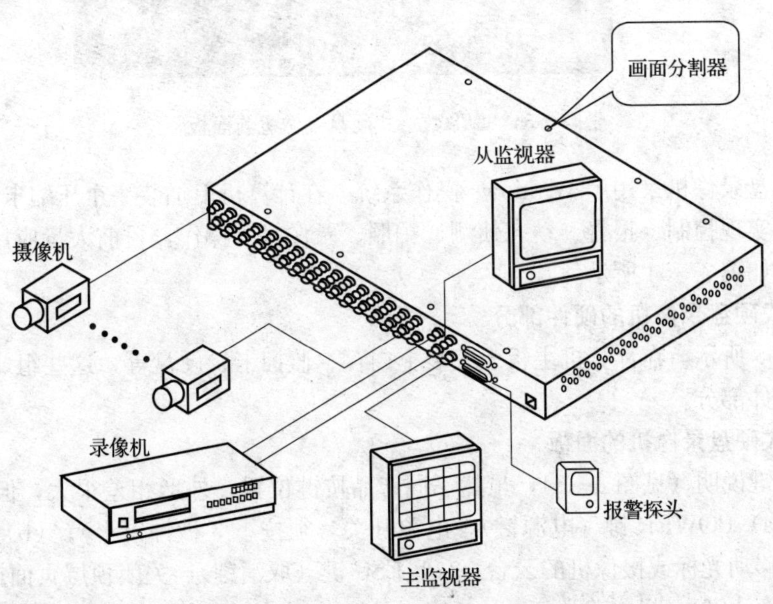

图 4—52　画面分割器连线示意图

三、硬盘录像机

硬盘录像机（DVR）是以计算机硬盘为载体，可记录、回放视频和音频信号的设备。其工作原理是将传统意义上的视频和音频信号，通过压缩编码芯片，转换成为 MPEG 格式的文件，并存储在计算机硬盘上。如需回放时，再将 MPEG 格式的文件转换为视频和音频信号输出到监控器上显示。由于大量使用计算机技术，从其组成上来说，硬盘录像机分为硬件和软件，软件还分为操作系统和应用软件（即控制记录、回放功能的软件）。

其主要功能有：实时监控功能；备份功能；录像放像功能；报警联动功能；通信功能；智能操作功能等。

1. 硬盘录像机的类型

硬盘录像机按结构可分为：嵌入式硬盘录像机（见图4—53）和数字式硬盘录像机（见图 4—54）两种。

其中，嵌入式硬盘录像机多采用自主研发的操作系统，标准不统一，升级、维修都非常困难，且操作简单，功能单一，目前很少使用，其外形如图 4—53 所示。

图 4—53　嵌入式硬盘录像机外形图

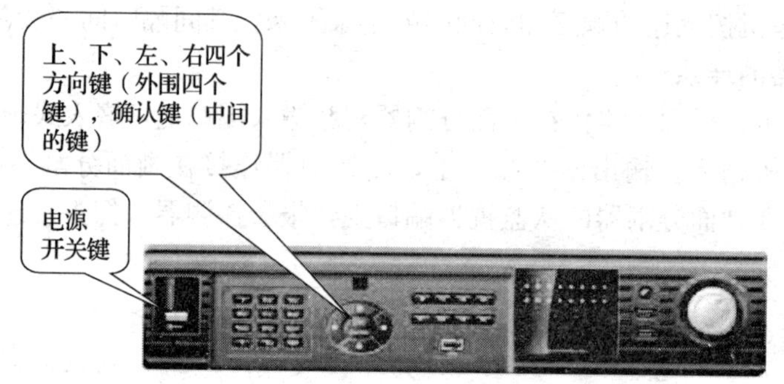

图 4—54　L 形数字式硬盘录像机前面板

数字式硬盘录像机采用了 Windows 操作系统，在计算机上加装一个压缩卡，通用性好，功能强大，能实现控制、报警、动态侦测、拍照、录像多种操作，目前大量应用于视频监控系统，其外观如图 4—54 所示。

2. 数字式硬盘录像机的硬件部分

如图 4—55 所示，在计算机主板上安装上内存、监控卡、硬盘等，这些组成了数字式硬盘录像机的硬件部分。

3. 数字式硬盘录像机的面板

前面板按键说明（见图 4—54，虽然不同产品按键位置、外形相差很大，但按键的功能基本一致）：(a) POWER 键（电源键），电源开关（须按下 3 秒钟以上）；(b) “▲、▼”或“◀、▶”键，移动光标或摄像机的云台；(c) ESC 键（取消键），关闭顶层页面或控件；(d) ENTER 键（确认键），操作确认；(e) ●键，录像键；(f) MULT 键（画面选择键），切换

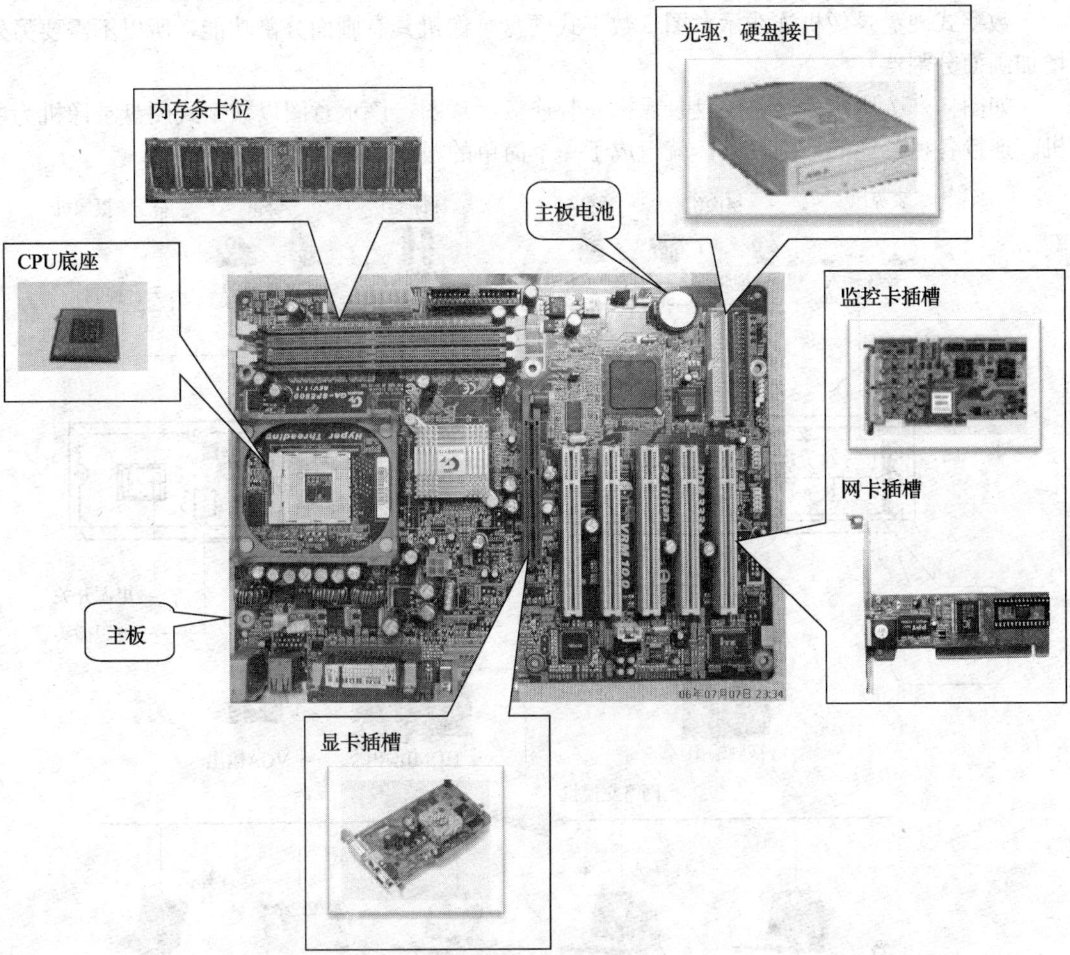

内存条卡位
CPU底座
主板电池
光驱，硬盘接口
监控卡插槽
网卡插槽
主板
显卡插槽

图 4—55　数字式硬盘录像机硬件

监控画面到指定的单画面或多画面；(g) MENU 键（菜单键），进入“系统设置”菜单。

i
j
k
a
b
c
d
e
f
g
h

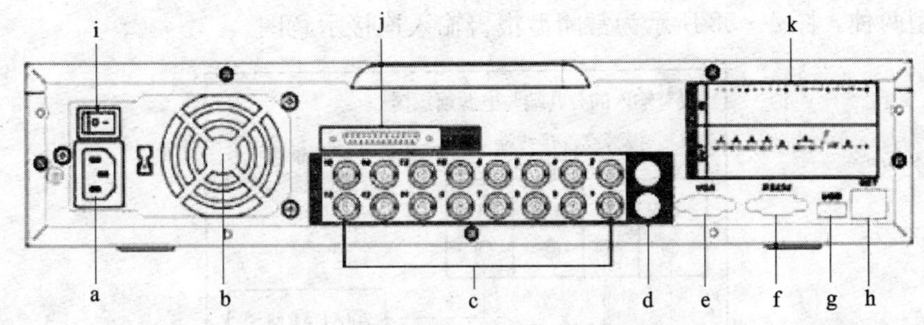

图 4—56　L 形嵌入式硬盘录像机后面板

后面板接口说明：(a) 电源插头；(b) 风扇；(c) 视频输入；(d) 视频 BNC 输出；(e) 视频 VGA 输出；(f) RS232 接口；(g) USB 接口；(h) 网络接口；(i) 电源开关；(j) 音频接口；(k) 报警输入、报警输出、RS485 接口。

4. 数字式硬盘录像机的连接

数字式硬盘录像机连线示意图（数字式硬盘录像机具有画面分割功能，所以不需要另外增加画面分割器）。

如图 4—57 所示为八路硬盘录像机安装连接示意图。该示意图以数字式硬盘录像机为主机，连接各种各样的外围设备，就组成了一个简单的报警视频监控系统。

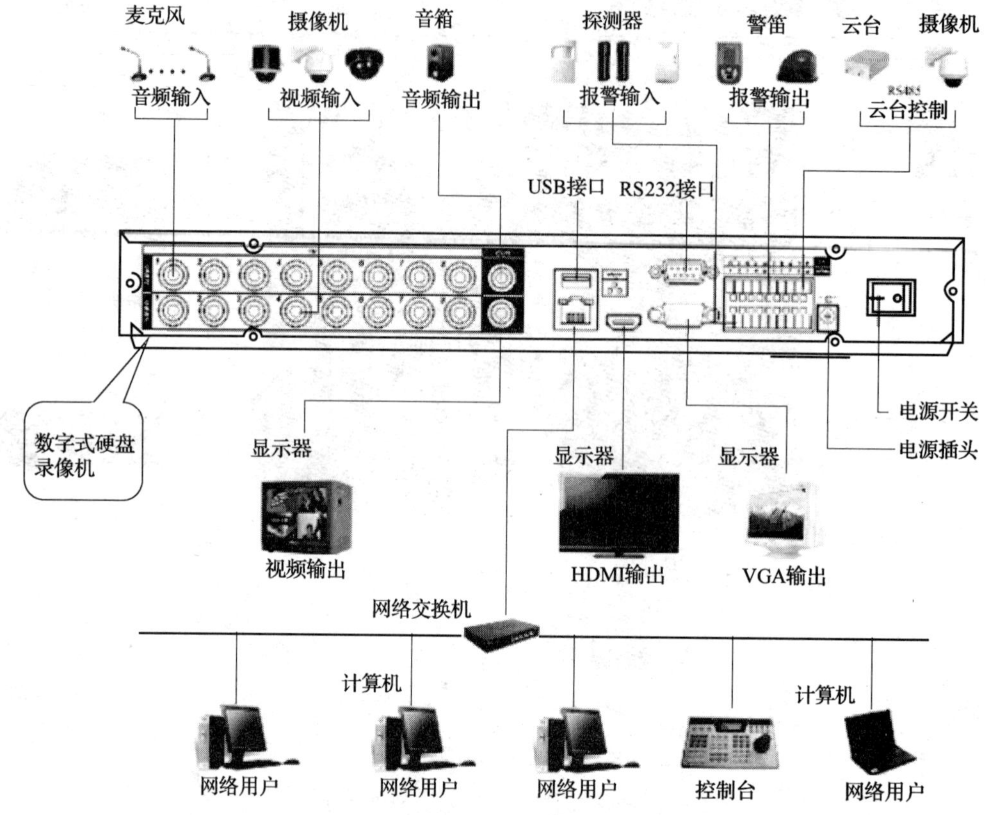

图 4—57　八路硬盘录像机安装连接示意图

报警输入接口与报警探测器连接详细情况如图 4—58 所示。其中，报警输入接口有常开型、常闭型两种，图 4—58 所示为常闭型报警输入连接示意图。

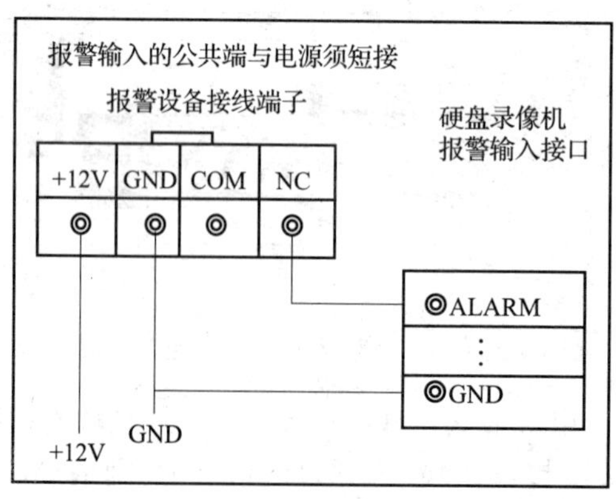

图 4—58　报警输入连接示意图

报警输出接口与警铃的连接与图 4—58 基本相同。

5. 数字式硬盘录像机的使用与维护

(1) 数字式硬盘录像机使用注意事项

1) 非专业人员请勿自行拆开机壳，避免损坏和电击。

2) 录像机出厂时未配置硬盘，初次安装使用时，必须首先安装硬盘。

3) 如果长期停止使用机器，最好完全断开录像机的电源，并将电源线插头从电源插座拔离。

4) 录像机带电状态下，不能直接插拔硬盘或硬盘架。

5) 录像机带电状态下，不能直接插拔视频线、音频线和串口线。

6) 录像机带电状态下，不能直接带电插拔解码器、报警盒及摄像机设备连线。

7) 每年定期更换一次主板电池，更换时要注意电池的型号一定要相同。

(2) 数字式硬盘录像机的维修和维护

数字式硬盘录像机实际上就是一台计算机加上合适的软件。软件又包含操作系统和应用软件，其中，操作系统主要分为基于微软公司的 Windows 操作系统和基于 LINUX 操作系统两种，应用软件是控制记录、回放功能的软件，不同厂家的数字式硬盘录像机的应用软件也不相同。表 4—4 是一些常见的维修和维护项目，有一定的通用性。

表 4—4　　数字式硬盘录像机的维修和维护

项目	序号	内容	解决措施
维护	1	如何查看硬盘占用情况	先点击系统主界面上的“系统日志”按钮，在出现的画面中再点击“系统信息”按钮，仔细查看即可
	2	如何节省长期无人值守录像机的硬盘空间	一般采用定时录像功能
	3	如何计算录像存储所需硬盘空间	一般情况下，选择一般压缩质量、普通室外监控、四路全天录像的话，一块 160 G的硬盘大概可以录像 1 个月的时间
	4	Windows 系统中安装 160 G 硬盘为什么会造成文件丢失和硬盘故障	因为硬盘容量过大（超过 130 G），解决方法是采用大盘补丁程序
	5	为什么有些硬盘录像机十六路通道同时录像时，占用 CPU 几乎达到了 100%	主要是因为显卡驱动安装不合适造成的
维修	6	开机提示键盘找不到	1. 检查键盘锁是否打开 2. 检查键盘是否插牢或鼠标是否插反
	7	显示屏幕上有水波纹	将主机周围的电磁干扰设备移除
	8	不能启动操作系统	可能由于增加了新硬件导致电源功率不够或硬盘损坏，可以利用一键恢复精灵进行系统恢复

续表

项目	序号	内容	解决措施
维修	9	主机不显示并发出“嘟嘟”声（该处不同的系统的检测方法不一样，维修时可参看使用说明书）	1. 总线制的AMI软件系统： 响1声，内存刷新故障 响2声，内存校验故障 响3声，64K内存故障 响4声，系统时钟或内存故障 响5声，CPU故障 响6声，键盘故障 响7声，中断故障 响8声，显卡故障 响9声，主板RAM、ROM故障 响10声，CMOS故障 2. 总线制的AWARD软件系统： 响1声，系统正常 响2声，CMOS设置错或主板RAM故障 响3声，显卡故障 响4声，键盘故障 响10声，主板的RAM、ROM故障 不停响，内存、显卡或电源故障
	10	主机无声音输出	1. 打开静音开关 2. 安装声卡驱动程序

（3）画面分割器安装注意事项

安装前：1）首先要检查外包装是否完好。2）然后检查包装是否破损和受潮。3）最后开箱，检查备件是否齐全。

安装时：1）机箱后面与墙最小距离不少于1 m。2）画面分割器与其他设备之间应保持0.5 m距离。3）画面分割器应水平放置。

（4）硬盘录像机的安装场所

1）远离高温的热源和环境。

2）避免阳光直接照射。

3）为确保录像机的正常散热，应避开通风不良的场所，切勿堵塞录像机的通风口，一般录像机在后部设计有散热风扇，故录像机安装时，其后部应距离其他设备或墙壁5 cm以上，以利于系统散热。

4）录像机应水平安装。

5）避免安装在会剧烈震动的场所。

一、实训内容

画面分割器和硬盘录像机的使用。

二、实训器材

实训器材见表 4—5。

表 4—5 **实训器材**

序号	设备名称	型号	数量
1	画面分割器	AB8816	5 台
2	硬盘录像机	十六路数字录像机	5 台
3	摄像机	枪形、半球形、球形	15 台
4	监视器	29 寸彩色监视器	5 台

三、实训步骤

1. 画面分割器的基本操作（见图 4—59，AB8816 画面处理器）

基本操作：
- 监视器显示方式
- 摄像机选择
- 画面冻结功能
- 系统复位

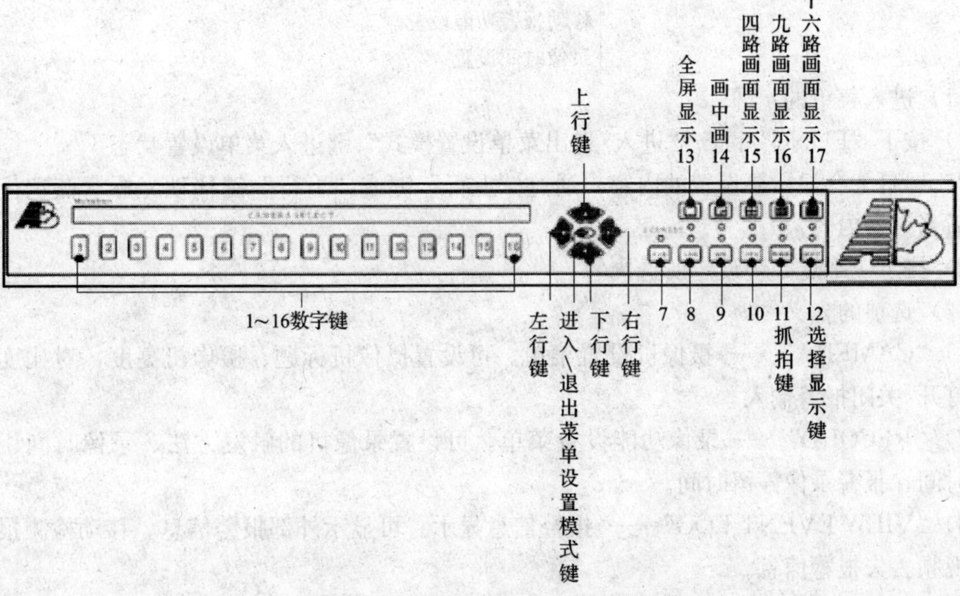

图 4—59　AB8816 画面分割器前面板

（1）监视器显示方式

按下画面分割器前面板上对应的按键，主监视器将会实现全屏显示、画中画显示、四路画面显示、九路画面显示和十六路画面显示等显示方式。其中，“四路画面显示”键按第一次显示 1～4 路摄像机，第二次显示 5～8 路摄像机，第三次显示 9～12 路摄像机，依次类推可循环切换，按键如图 4—59 所示。

注意：上述显示方式只是对主监视器而言，从监视器只能全屏显示。

（2）摄像机的选择

全屏模式下（按下全屏显示键），按下画面处理器前面板上的数字键，就可以在监视器上显示与之对应的摄像机的画面。

画中画模式下，按下“选择显示”键，进入摄像机选择状态，选择一个数字键做底画面，再选择一个数字键做小画面，按下“确认”键，完成操作。

（3）画面冻结功能的使用

1）按下“抓拍键”，直到按键上方的指示灯亮。

2）选择要冻结画面的摄像机所对应的数字键，画面冻结并在画面上显示红色字母“F”。

3）再按一次已被冻结的摄像机号的数字键，可取消这个通道的画面冻结。

4）再按下“抓拍键”，取消所有画面的冻结，按键上方的指示灯熄灭。

（4）系统复位

按下“FUNC”键＋“上行”键，如果屏幕提示所有信息将消失，此时按下“进入/退出菜单设置模式”键，系统进行复位。

2. 画面分割器菜单设置

菜单设置
- 时间/日期设定
- 视频类型设置
- 摄像机标题设置
- 摄像机亮度、对比度、色调设置
- 移动报警功能设置
- 录像时间设置

（1）进入菜单的步骤

1）按下“FUNC”键＋“进入/退出菜单设置模式”键进入菜单设置状态。

2）屏幕上会显示要设置的内容，通过“上行”键或“下行”键移动光标（蓝色色带），选择适当设置内容。

3）按下“确定”键设定所选内容。

（2）选项的含义

1）“CAMERA”——摄像机设置菜单。可设置摄像机标题、摄像机亮度、对比度、色调和打开/关闭报警输入。

2）“RECORD”——录像功能设置菜单。可设置录像机的触发方法、录像时间、报警录像时间、报警录像停留时间。

3）“VIEW EVENT LOG”——报警信息显示。可显示外部报警信息、移动检测报警信息和视频丢失报警信息。

4）“PORT SETUP”——控制端口的协议和波特率设置。

3. 硬盘录像机的硬盘的安装

一般硬盘是可以独立购买或更换的，这就需要进行安装操作。

(1) 拆卸硬盘录像机上盖的固定螺钉（见图 4—60)。

(2) 拆卸机壳（见图 4—61)。

图 4—60　拆卸硬盘录像机上盖的固定螺钉

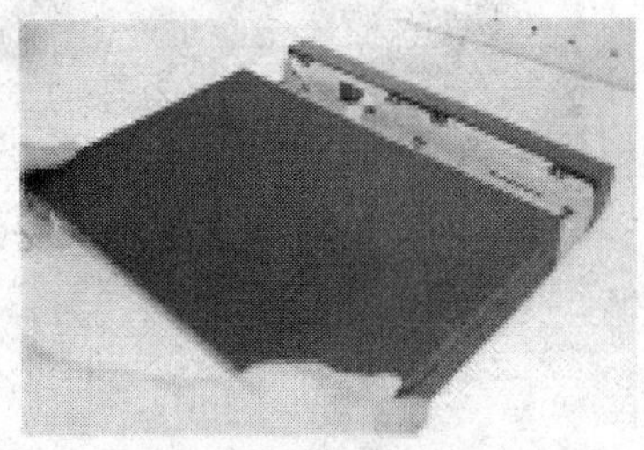

图 4—61　拆卸机壳

(3) 硬盘上的四个固定螺钉每个旋三圈（见图 4—62)。

(4) 把硬盘对准底板的四个孔放置（见图 4—63)。

图 4—62　硬盘上的四个固定螺钉

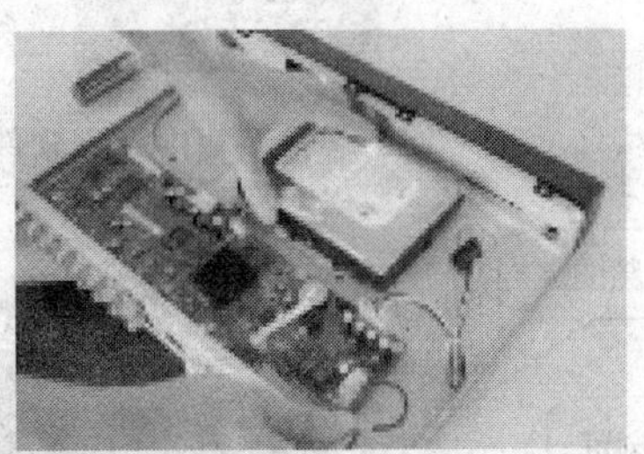

图 4—63　硬盘对准底板的四个孔放置

(5) 翻转设备，将螺钉移进卡口（见图 4—64)。

(6) 将硬盘固定在底板上（见图 4—65)。

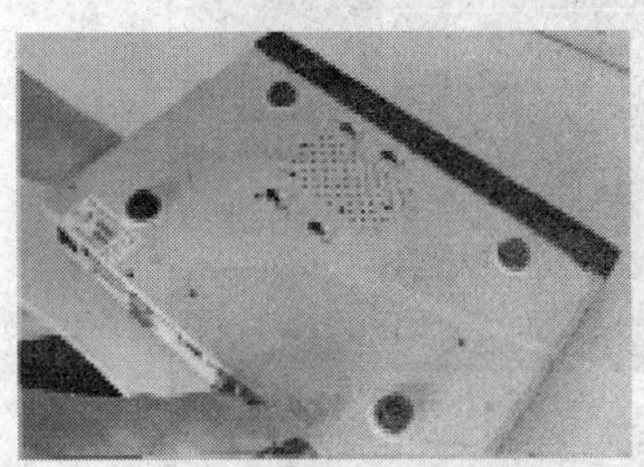

图 4—64　将螺钉移进卡口

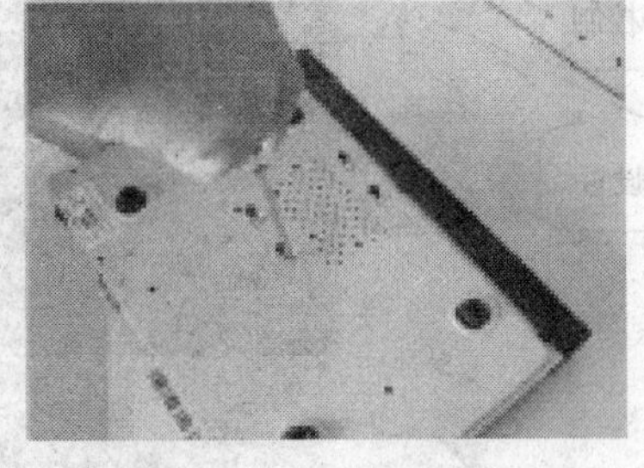

图 4—65　将硬盘固定在底板上

(7) 插上电源线和硬盘线（见图 4—66)。

(8) 合上机箱盖，固定螺钉（见图 4—67)。

4. 掌握硬盘录像机的设置和操作

(1) 进入菜单

1) 打开硬盘录像机电源开关。

2) 选择视频系统的图标，如图 4—68 所示，单击鼠标左键或按遥控器上的确认键。

3) 在弹出的对话框中，输入用户名和密码，单击“确定”键即可，如图 4—69 所示。弹出的系统操作界面如图 4—70 所示。

图 4—66　插上电源线和硬盘线

图 4—67　合上机箱盖

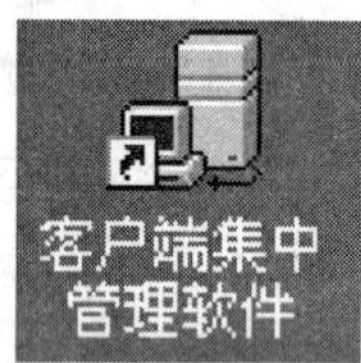

图 4—68　客户端集中管理软件图标

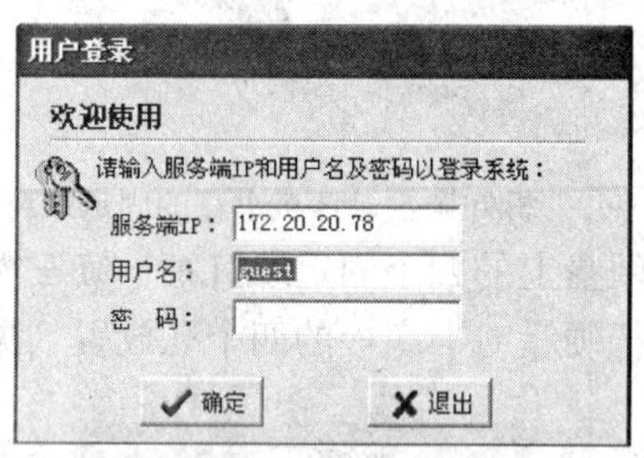

图 4—69　登录界面

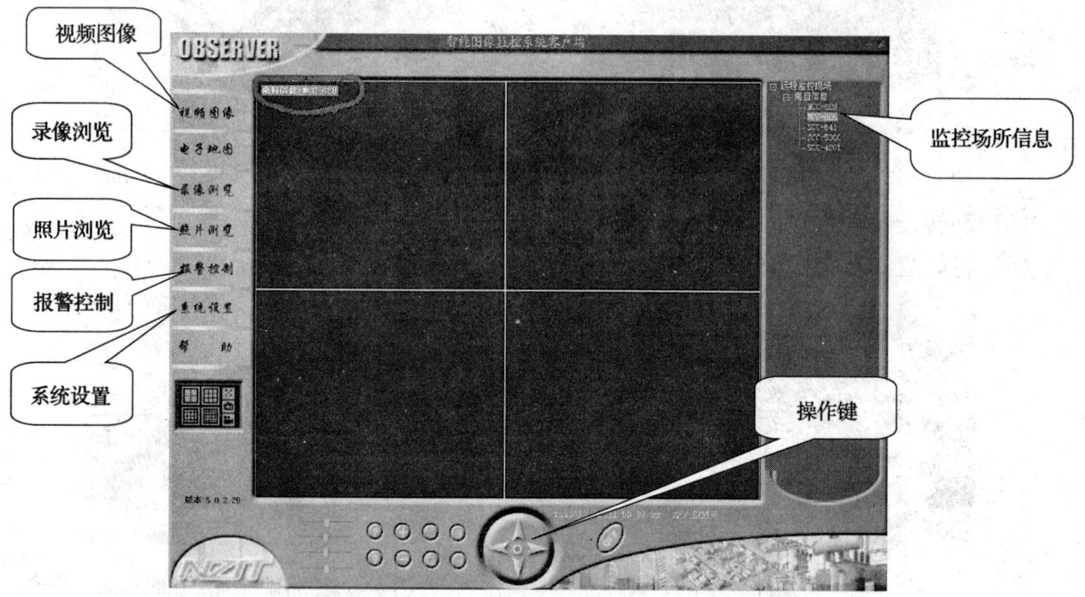

图 4—70　操作界面

（2）录像查询步骤

1）单击“录像浏览”键或从主菜单选择“录像查询”进入录像查询菜单。

2）输入密码（处于注销状态时），按下“确定”键。

（3）录像回放步骤

1）在录像查询状态下，用操作键上的“▲”或“▼”键选择要回放的录像文件。

2）按下“录像浏览”键或双击鼠标左键，开始播放该录像文件。

（4）录像开启和停止设置步骤

1）单击“系统设置”→“录像控制”可进入手动录像操作界面，如图4—71所示。

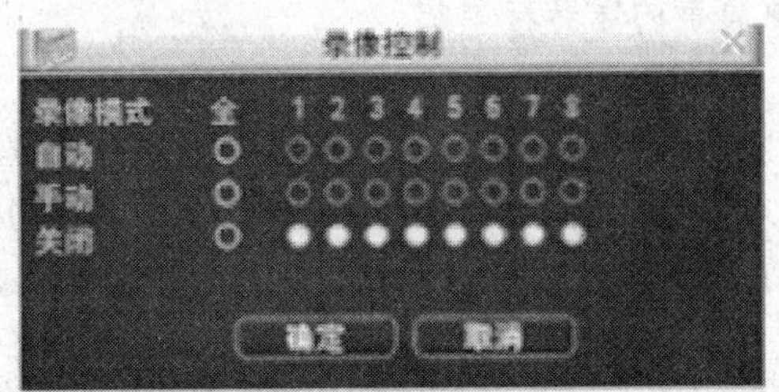

图4—71　录像控制

2）通过“左行”键或“右行”键选择要录像的摄像机号，按下“确定”键，对应的摄像机开始录像（对应的手动指示灯亮）。

（5）定时抓图设置步骤（抓图包括定时抓图和触发抓图）

1）在“系统设置”→“编码设置”→“抓图设置”中，设置各通道定时抓图的参数。

2）在“系统设置”→“普通设置”中，设置“图片上传间隔”。

3）在“系统设置”→“录像设置”中，选中相应通道的“抓图”功能。

4）按下“确定”键后，定时抓图功能被开启。

四、评分标准

内容	要求	配分	评分标准	扣分	得分
画面分割器的基本操作	熟悉画面分割器键盘的作用，正确完成画面分割器基本操作	20分	每出现一个操作错误扣5分		
画面分割器的菜单设置	正确完成画面分割器菜单设置	20分	每出现一个设置错误扣5分		
硬盘录像机硬盘的安装	掌握硬盘的安装方法和步骤	30分	安装方法和步骤错一步扣5分		
硬盘录像机的设置和操作	掌握硬盘录像机的基本操作和菜单设置	30分	每出现一个操作错误扣5分，每出现一个设置错误扣5分		

总分：＿＿＿＿＿

课题三　视频矩阵切换器

学习目标

1. 了解矩阵切换器的外部特点和前、后面板的构成。
2. 掌握矩阵切换器的工作原理。
3. 学会看系统连接图，并能进行简单的连线。

4. 学会矩阵切换器的简单操作和设置。

5. 能对矩阵切换器做简单的保养与维护。

一般情况下，在视频监控系统中，输入设备（摄像机）的数量远远大于输出设备（监视器）的数量，对于这些输入设备和显示信息的共享和分配，矩阵切换器发挥了重要作用。矩阵切换器常简称为矩阵，它可以实现输入和输出之间的动态连接，将信号源设备的任一路信号传输至任一路显示终端上，并可实现音频和视频的同步转换，将传输部分传送来的信号有选择地送入显示与记录部分，并能实现对其他部分的遥控，是控制部分的核心。

一、视频矩阵切换器的主要类型

按照传送信号的不同，矩阵切换器可分为视频矩阵切换器和音频矩阵切换器两类。视频监控系统中最常用的是视频矩阵切换器。视频矩阵切换器可以从多路视频信号源中选出一路或几路信号送往监视器或送往录像设备去记录，可以大大地节省中心视频设备的数量及相应的费用。常用的有嵌入式视频矩阵切换器和整体式视频矩阵切换器两种。

1. 嵌入式视频矩阵切换器

嵌入式视频矩阵切换器（见图 4—72）必须和控制系统（计算机）一起使用，并通过计算机网络对视频矩阵切换器进行操作、切换和远程控制。

图 4—72 嵌入式视频矩阵切换器

2. 整体式视频矩阵切换器

整体式视频矩阵切换器包括控制系统和视频矩阵切换器两部分，可以单独使用，也可联网使用。整体式视频矩阵切换器支持多达 256 路输入和 32 路输出，如图 4—73 所示。

图 4—73 整体式视频矩阵切换器 V2020

二、整体式视频矩阵切换器的键盘布局

如图 4—73 所示，整体式视频矩阵切换器一般由控制柜（控制主机）和控制键盘组成。其中，矩阵切换器 V2115 的控制键盘如图 4—74 所示。

图 4—74　视频矩阵切换器 V2115 控制键盘

型号不同的矩阵，键盘也不相同，但基本功能大致相同。下面，以 V2115 为例加以说明（见图 4—75）。

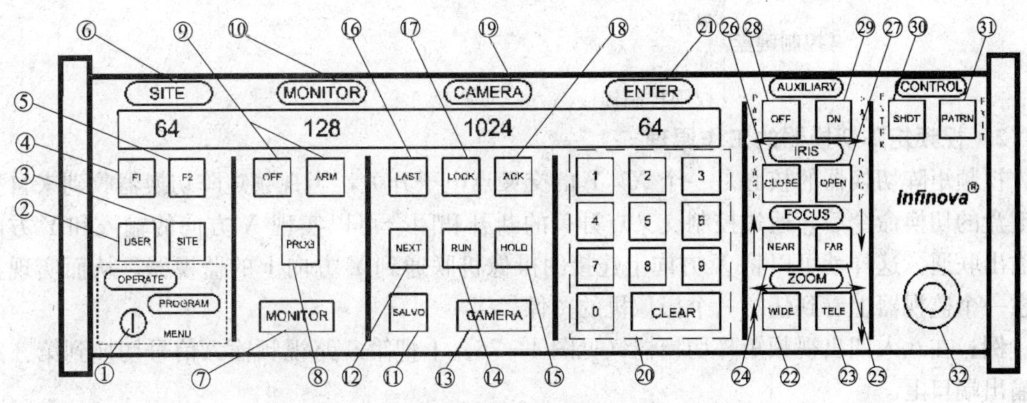

图 4—75　视频矩阵切换器 V2115 的键盘

键盘功能：

①键盘锁　②用户键　③联网控制/退出键

④F1 键　⑤F2 键　⑥联网点显示

⑦监视器键　⑧编程键　⑨监视器布防/撤防键

⑩监视器编号显示　⑪成组切换键　⑫巡视下一个摄像机

⑬摄像机键　⑭巡视运行键　⑮巡视暂停键

⑯巡视上一个摄像机　⑰锁定/解锁键　⑱确认键

⑲摄像机编号显示　⑳数字键盘　㉑数字输入显示

㉒视场缩小/向上键　㉓视场放大/向下键　㉔近焦/向左键

㉕远焦/向右键　㉖关闭光圈/上翻页　㉗打开光圈/下翻页

㉘关闭辅助开关/左翻页　㉙打开辅助开关/右翻页　㉚预置位/确认键

㉛花样扫描键/退出　㉜三维摇杆

视频矩阵切换器中常用到以下术语。

预置位：预先设置和保留摄像机主要信息和参数，如云台角度、倍数、焦距等。

成组切换：将一组摄像机（多个）分别切换到对应的一组监视器上，即一组监视器上可以观察到多个场景（不同组别摄像机）传输来的现场画面。

系统巡视：在同一屏幕上循环显示不同摄像机图像或实现成组切换功能。

事件定时器：用户可以通过预定义时间点的方式，实现自动触发系统巡视功能。

伪编号：系统分配给指定摄像机的逻辑编号，它有别于摄像机的物理编号。

三、视频矩阵切换器的工作原理

1. 视频矩阵切换器的组成

视频矩阵切换器主要由以下部分组成。

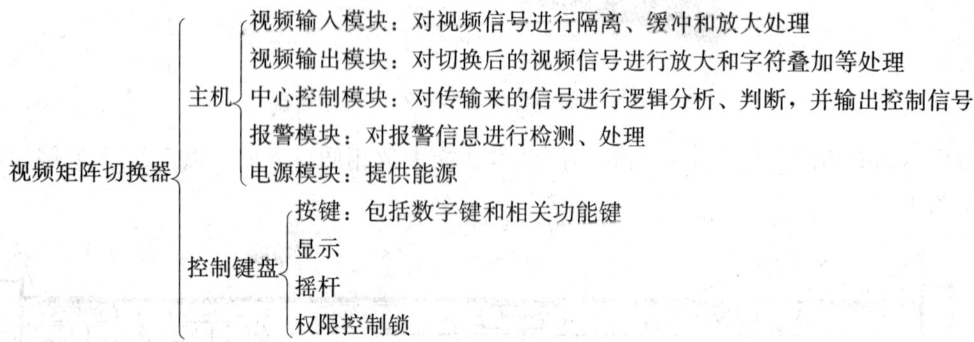

2. 视频矩阵切换器的工作原理

视频矩阵切换器的核心是一个 $X \times Y$ 的交叉点电子开关，当视频矩阵切换器收到来自控制键盘的切换命令后，通过控制交叉点开关的断开和闭合可以实现 X 方向的输入和 Y 方向的输出联通。这样就可以将 X 方向上连接的摄像机联通到 Y 方向上的监视器，从而实现在任意一个监视器上看到任意一个摄像机的图像。

例： 在八入四出视频矩阵切换器（见图 4—76）上把第 5 路视频输入信号切换到第 3 路的输出端口上。

解： 如图 4—76 所示，1～8 条竖线代表 8 根视频输入线，1～4 条横线代表 4 根视频输出线。竖线和横线的交点处就是“交叉点电子开关”，“×”表示该处的“交叉点电子开关”为断开状态，“.”表示该处的“交叉点电子开关”为闭合状态，如图 4—76 所示，就能把第 5 路视频输入信号切换到第 3 路的输出端口上。

注意：同一输出母线上的各交叉点可以按一定的次序依次闭合，但不能同时闭合（例如，在 3 输出母线上不允许同时有两个或两个以上交叉点处于闭合状态）。

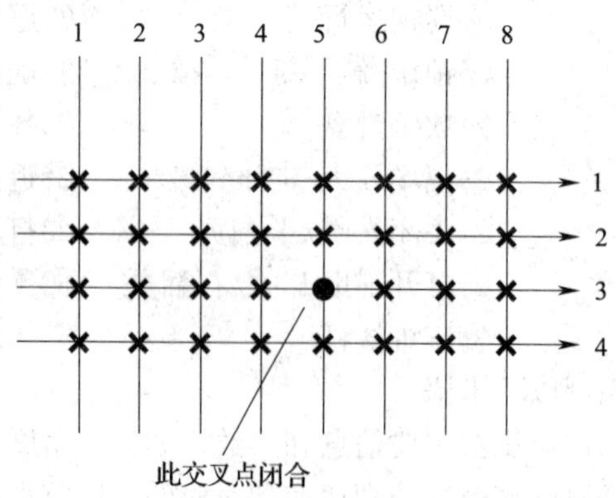

图 4—76　八入四出视频矩阵切换示意图

大量使用这种交叉点电子开关芯片，经过合理的级联组合，再加上输出模块、中心控制模块、电源模块等就构成了一个复杂的视频矩阵切换器。

四、视频矩阵切换器与其他设备的连接

图 4—77 为视频矩阵切换器系统的结构示意图。由摄像机采集视频信号，拾音头采集音频信号，或有非法入侵者时探测器发出报警信号并触发摄像机录像、拾音头录音，通过网络视频服务器传输到 Internet 网上，再由总线分别送到录像服务器（录像）、监控服务器（报警、控制）、用户管理服务器（编写用户程序），由网络视频矩阵切换器将视频信号传送到管理中心的电视墙上显示，管理人员通过电视墙观看各防区的图像信息，并及时作出反应和处理。

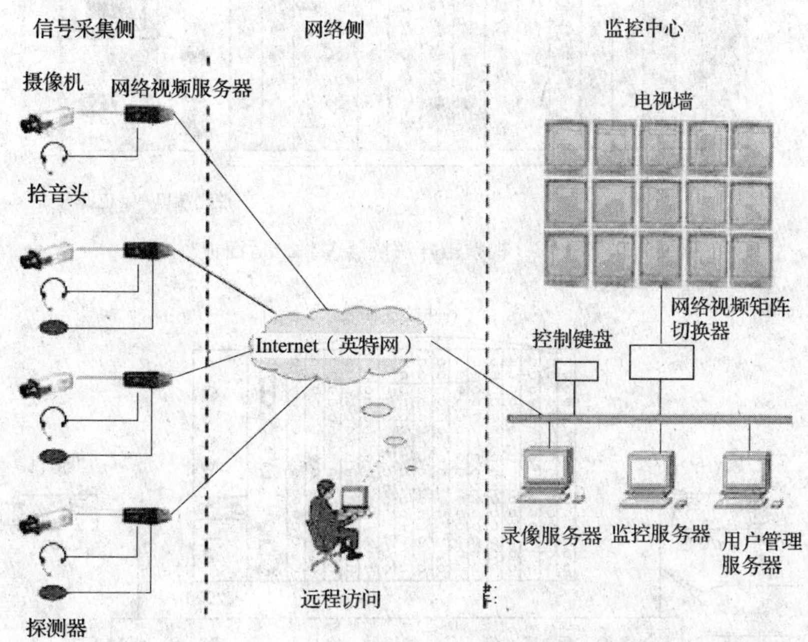

图 4—77　视频矩阵切换器系统示意图

1. 与摄像机的连接

如图 4—78 所示，视频矩阵切换器 V2020 后面板上“绿色”区域为视频输出模块——接监视器；“黄色”区域为视频输入模块——接摄像机；“蓝色”区域为控制模块——接带有云台的摄像机；“天蓝色”区域为报警输入/输出模块——接探测器。（这样就可以将防盗报警系统和视频监控系统有机地联系起来，从而组成一个功能更加完善的报警监控系统。）连接线为两端都带有 BNC 接头的视频线。

将摄像机连接到相应的视频输入端口上，如图 4—79 所示。

1）为摄像机设置合适的编号，然后在视频输入模块找到与摄像机编号对应的 BNC 接头进行插接。

2）选择合适的视频电缆做摄像机和视频输入模块之间的连线。

连接方法如图 4—79 所示（该视频矩阵切换器最多可连接 226 台摄像机）：

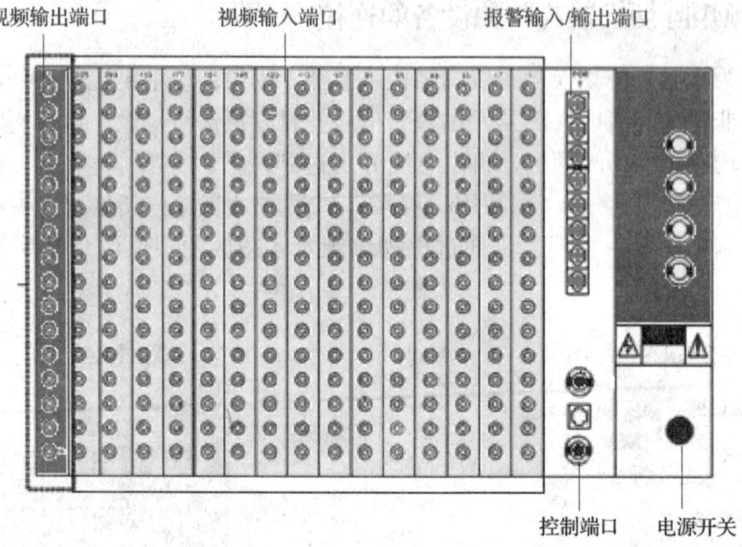

图 4—78　视频矩阵切换器 V2020 后面板

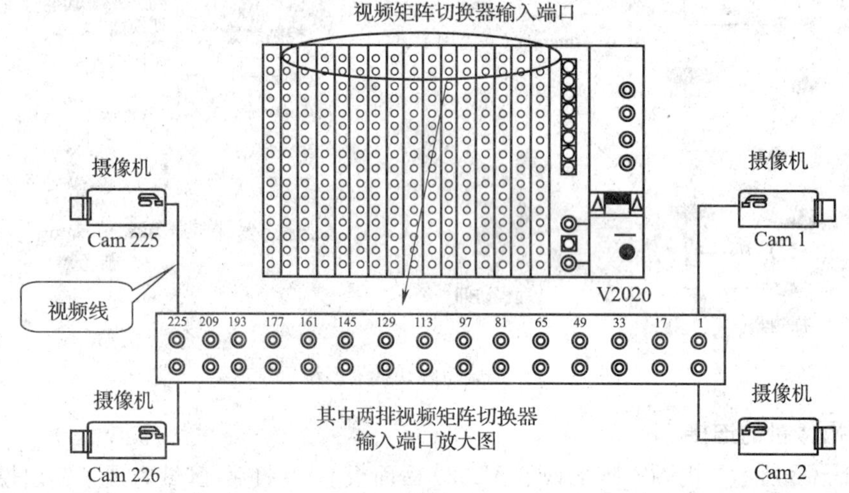

图 4—79　视频输入连接图

2. 与带云台的摄像机的连接

系统依靠控制信号传输来实现对摄像机的控制，需要用到解码器 V1690M、码转换/分配器 V2411。

解码器安装在摄像机附近，一般起到控制云台转动和镜头调整的作用。由于视频监控系统大多都采用总线技术，总线上连接了许多设备，如解码器、矩阵切换器、现场控制单元等，为了不至于传错信息，应该将每个设备都设置地址码。当信息通过总线送达后，解码器对地址码解码，然后决定送给确定的设备执行。

解码器实物如图 4—80 所示。

解码器接线端子如图 4—81 所示。

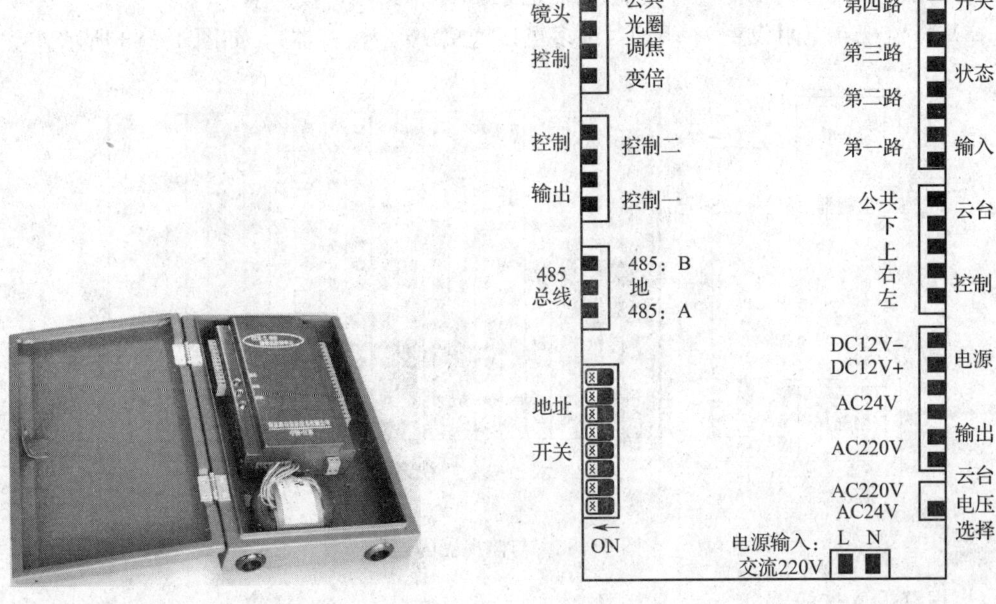

图 4—80 解码器

图 4—81 解码器接线图（CCM2.0A 系列）

码转换器将数字信息转换成云台等能识别的模拟量信息。

经过解码器、码转换/分配器，视频矩阵切换器可以控制多个高速球形摄像机，连接情况如图 4—82 所示。

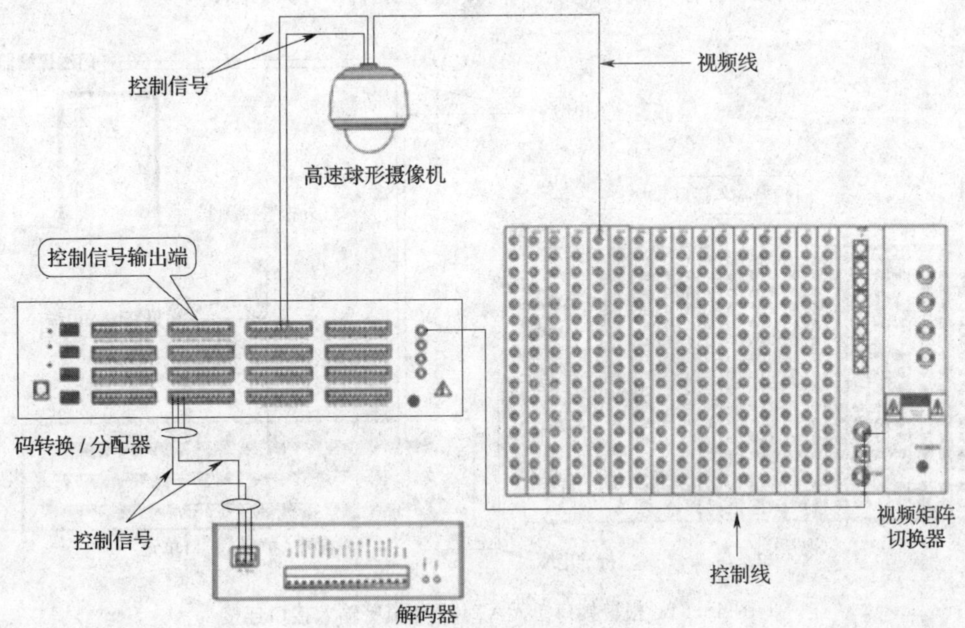

图 4—82 与高速球形摄像机的控制连线

3. 与监视器的连接

（1）为监视器设置合适的编号，然后在视频输出模块后面板上找到与该监视器对应的

BNC 接头。

(2) 用视频线（同轴电缆）将监视器连接到对应的 BNC 接头上。

(3) 将监视器电阻设置为 75 Ω（最多可以连接 16 台监视器），如图 4—83 所示。

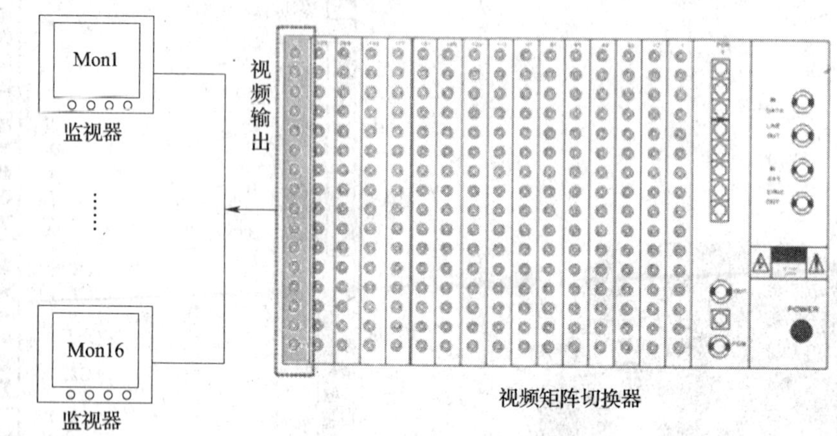

图 4—83　与监视器的连接

4. 报警输入连接

报警输入是通过报警接口单元 V2431 连接到视频矩阵切换器 V2020 上的，连接步骤如下。

(1) 将矩阵上的一个 RS232 口连接到报警接口单元 V2431 的 OUTPUT 口上。

(2) 将报警传感器连接到报警接口单元 V2431 的报警输入接口上，每个传感器需要接两根线，其中一根连接报警输入终端，另一根接地，如图 4—84 所示。

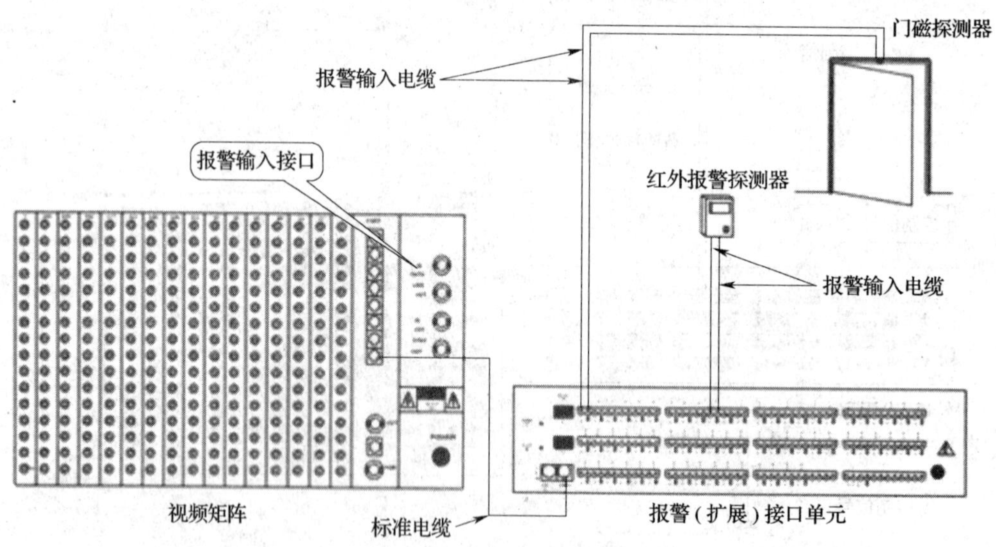

图 4—84　报警接口单元 V2431 与报警输入接口连接

5. 通信接口连接

视频矩阵切换器 V2020 的 CPU 模块上提供 8 个 RS232 通信口，用于连接键盘、控制器、报警接口单元和计算机等，其中接线盒接线如图 4—85 所示。

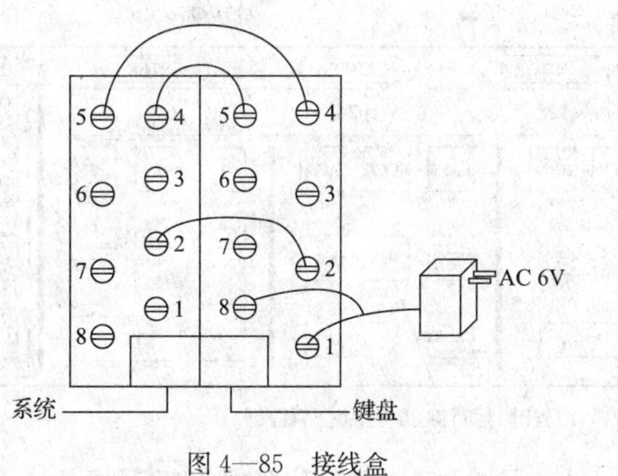

图 4—85　接线盒

技能训练

一、实训内容

1. 视频矩阵切换器和其他设备的连接。
2. 视频矩阵切换器的设置和使用。
3. 视频矩阵切换器常见故障的排除。

二、实训器材

实训器材见表 4—6。

表 4—6　　　　实训器材

序号	名称	数量
1	视频矩阵切换器 V2115	1 台
2	摄像机	5 台
3	解码器	5 台
4	监控器	2 台
5	同芯电缆、莲花插头	若干

三、实训步骤

1. 视频矩阵切换器和其他设备的连接

按“视频矩阵切换器与其他设备的连接”中所述方法，将视频矩阵切换器与摄像机、解码器等其他设备相连。

2. 视频矩阵切换器的使用

以视频矩阵切换器 V2115 为例说明，其面板中常用的键如图 4—86 所示。

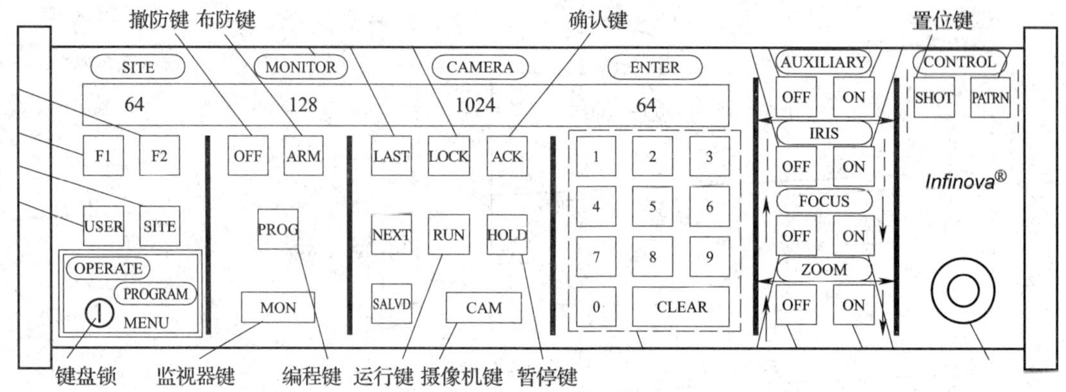

图 4—86　视频矩阵切换器 V2115 的面板

（1）登录系统

1）用数字键输入用户号，按下 ACK（确认）键确认输入。

2）此时键盘显示屏上显示“PSC”，再用数字键输入密码，按下 ACK 键确认。

3）如果显示屏上的“PSC”消失，表明登录成功；如果显示屏上出现“DC”，表明登录失败。

（2）退出系统

输入“99”，然后按下 F1 键，即可退出系统。

（3）选择监视器

1）把键盘锁设置在 OPERATE 位置上。

2）输入需要调用的监视器的编号。

3）按 MON 键调用该监视器。

（4）选择摄像机

1）输入需要调用的摄像机的编号。

2）按 CAM 键调用该摄像机。

（5）启动系统巡视

1）将一个摄像机调到监视器上。

2）输入巡视编号。

3）按下运行（RUN）键。

4）按下确认（ACK）键确认。

（6）停止系统巡视

按下暂停（HOLD）键停止系统巡视，监视器继续显示正在调用的摄像机的画面。

（7）调用预置位

1）把键盘锁转到 PROGRAM 位置上。

2）摇动三维操纵杆改变云台和镜头的位置。

3）输入预置位摄像机的编号。

4）按下置位键（SHOT）。

5）把键盘锁转到 OPERATE 位置上，摄像机镜头转到事先设定的位置上。

3. 视频矩阵切换器的设置

（1）系统恢复（清除用户程序，恢复出厂设置）

1）把键盘锁设置在 PROGRAM 位置上。

2）按顺序输入以下 F2 码序列：输入“55”，然后按下 F2 键；输入“99”，然后按下 F2 键。

3）把键盘锁转到 OPERATE 位置，恢复操作完成。

（2）监视器巡视的编程

1）调用监视器。

2）把键盘锁设置在 PROGRAM 位置上。

3）输入“62”，然后按下“PROG”键。

4）调用需要显示的第一个摄像机号。

5）输入当前正在显示的摄像机的停留时间（范围 1 s 到 60 s）。如果要停止监视器巡视或暂停在当前摄像机画面显示，则输入“61”。

6）按下“PROG”键，键盘屏幕上会显示已经设置好了的停留时间。

7）调用下一个要显示的摄像机。

8）按步骤 5）→6）→7）的顺序重复设置，直到把监视器巡视中的所有摄像机都设置完毕。

9）按下暂停键（HOLD），监视器上将显示正在运行的摄像机画面。

10）按下运行键（RUN），监视器上将循环显示设置过的摄像机的画面。

（3）设置预置位（用于装有电动云台和伺服控制镜头的摄像机）

1）将一个摄像机调用到监视器上。

2）把键盘锁设置在 OPERATE 位置上。

3）输入预置位摄像机的编号。

4）按下预置位键（SHOT），完成设置。

（4）锁定摄像机设置

1）调用摄像机。

2）把键盘锁转到 PROGRAM 位置上。

3）输入“2”，然后按下 F1 键。

4）把键盘锁转到 OPERATE 位置上，监视器的画面锁定在当前摄像机上，画面静止不动。

（5）监视器的布防设置

1）把键盘锁转到 PROGRAM 位置上。

2）输入布防类型编号。

3）按下布防键（ARM）。

4）把键盘锁转到 OPERATE 位置上。

（6）监视器的撤防设置

1）把键盘锁转到 PROGRAM 位置上。

2）调用布防的监视器。

3）按下撤防键（OFF）。

4）把键盘锁转到 OPERATE 位置上。

4. 视频矩阵切换器常见故障的排除

（1）软件故障排除（见表 4—7）

表 4—7　　软件故障排除

故障名称	故障原因	故障表现	解决方法
地址故障	摄像机地址和矩阵切换器主机设置不一致	通信和显示不统一	重新设置，保持一致
协议故障	摄像机的通信协议和矩阵切换器协议设置不一致	矩阵切换器无法控制摄像机	重新设置，保持一致

（2）硬件故障排除（见表 4—8）

表 4—8　　硬件故障排除

故障名称	故障原因	故障表现	解决方法
线缆断路或短路	外力作用或老化所致	该路无图像显示或硬盘录像机无法启动	查出短路、断路点，并对其进行修复

四、评分标准

内容	要求	配分	评分标准	扣分	得分
视频矩阵切换器和其他设备的连接	按照规范正确连线	20 分	错误一处扣 5 分		
视频矩阵切换器的使用	正确进行视频矩阵切换器的登录、退出、选择监视器、选择摄像机等操作	20 分	错误一步扣 5 分		
视频矩阵切换器的设置	正确完成视频矩阵切换器的设置	20 分	错误一步扣 5 分		
视频矩阵切换器常见故障的排除	正确进行视频矩阵切换器的常见故障排除	40 分	步骤完整、正确获 40 分，漏找一处故障扣 10 分		

总分：________

课题四　视频监控系统的组建

1. 了解视频监控系统的特点与分类。
2. 学会看系统连接图，能进行简单的连线。

视频监控系统可以单独使用，也可以和防盗报警系统一起使用（作为防盗报警系统的验证设备），是安防领域的主要设备。

视频监控系统在国外被称为闭路电视系统，主要用于突发事件的监控和处理。如用于交通监控方面，方便了解各路口交通阻塞情况，当发生交通事故时，能及时了解事故原因，处理肇事者。又如用于小区监控方面，发生刑事案件时，可以观察现场画面，根据情况及时组织警力前往解决问题，也可以通过画面重放查找犯罪嫌疑人，提高破案效率。

一、视频监控系统的特点

1. 视频监控系统的信息来源于安装在不同位置的多台摄像机，多路信号要求同时传输且同时显示。

2. 视频监控系统一般用于监测、控制、管理。

3. 视频监控信号传输距离一般较短，要想远距离传输时必须采用光缆做传输媒介。

二、视频监控系统的主要类型

1. 中小型视频监控系统

按组成形式分类，中小型视频监控系统主要有：简单的定点控制系统、简单的全方位控制系统、具有画面分割器或硬盘录像机的监控系统、具有声音监听的监控系统。

（1）简单的定点控制系统

简单的定点控制系统（见图 4—87）一般由一台摄像机和一台监视器连接而成，摄像机不能转动，也不能调焦。这种系统监测范围较小，监测画面也不太清晰。

（2）简单的全方位控制系统

简单的全方位控制系统（见图 4—88）增加了能上、下、左、右运动的全方位的云台，另外还增加了电动变换镜头（能改变焦距）。

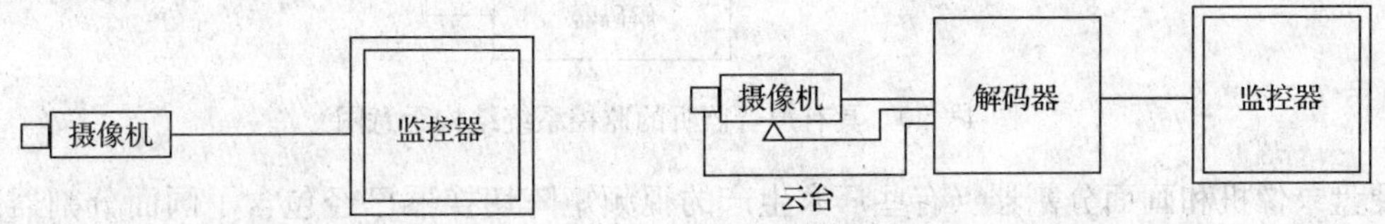

图 4—87　简单的定点控制系统结构示意图　　　图 4—88　简单的全方位控制系统结构示意图

（3）具有画面分割器或硬盘录像机的监控系统

具有画面分割器或硬盘录像机的监控系统最少连带 4 台、最多连带 16 台带有云台的摄像机（部分摄像机可以不带云台），系统构成如图 4—89 所示。

（4）具有声音监听的监控系统

具有声音监听的监控系统（见图 4—90）同时能对现场发出的声音进行监听。

2. 大中型视频监控系统

按组成形式分，大中型视频监控系统包括：控制中心直接控制系统、控制中心二级控制系统和控制中心三级控制系统。

（1）控制中心直接控制系统

控制中心直接控制系统（见图 4—91）的控制中心主要是视频矩阵切换器，除此之外还

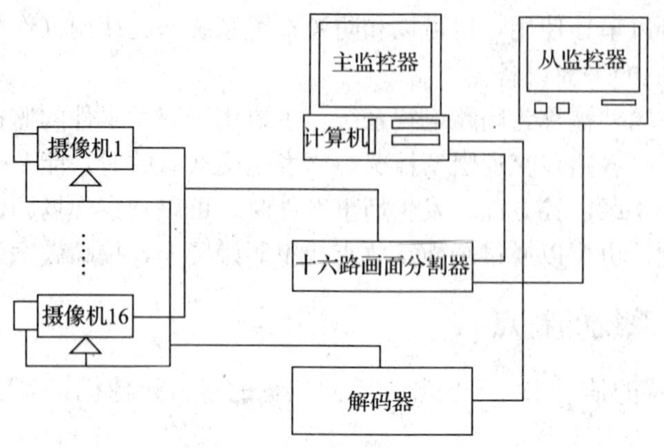

图 4—89　具有画面分割器的监控系统结构示意图

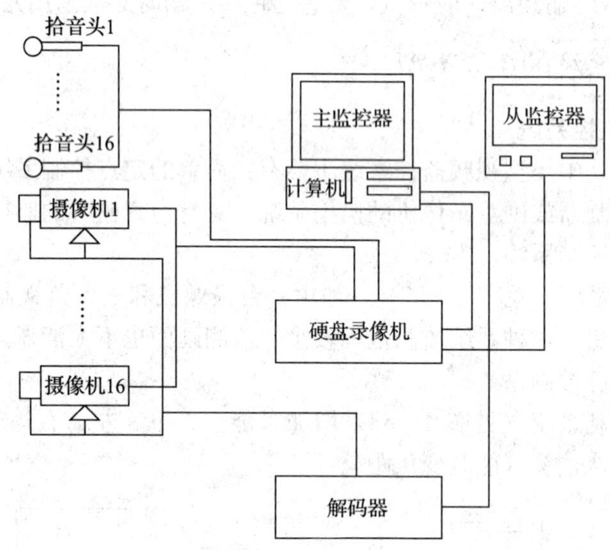

图 4—90　具有声音监听的监控系统结构示意图

有硬盘录像机和画面分割器（有些厂家生产的视频矩阵切换器已经包含了画面分割器），属于大中型视频监控系统。

(2) 控制中心二级控制系统

控制中心二级控制系统（见图 4—92）包括控制中心和分控中心两级，其中分控中心的主要设备也是视频矩阵切换器，属于大型视频监控系统。

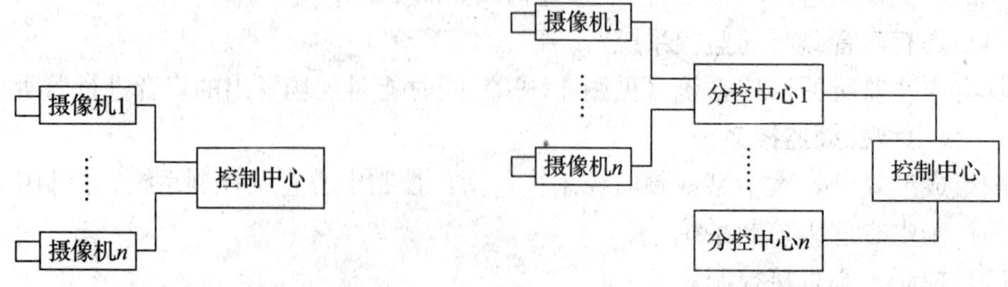

图 4—91　控制中心直接控制系统结构示意图　　图 4—92　控制中心二级控制系统结构示意图

(3) 控制中心三级控制系统

控制中心三级控制系统（见图 4—93）包括子控中心、控制中心和分控中心三级，其中子控中心的主要设备也是视频矩阵切换器，属于超大型视频监控系统。

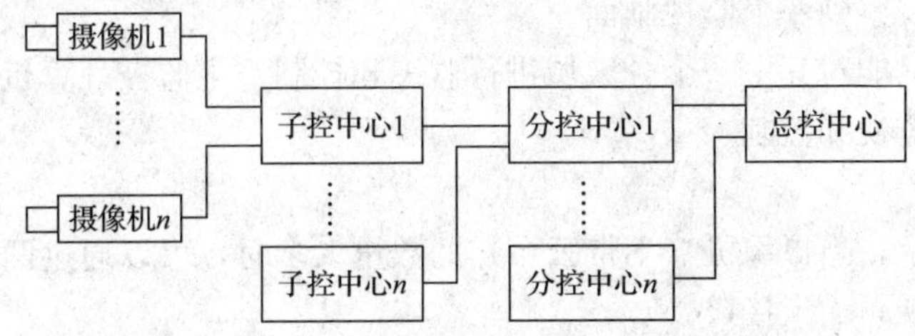

图 4—93　控制中心三级控制系统结构示意图

三、典型系统连接图（控制中心直接控制系统）

1. 单机箱系统

将视频矩阵切换器 V2020 与各模块按一定的规律连接在一起就组成了单机箱系统。

如图 4—94 所示，一个码转换/分配器最多可连接 64 路高速球形摄像机，如果还不够用，通过扩展口扩展最多可实现 512 路视频输入。

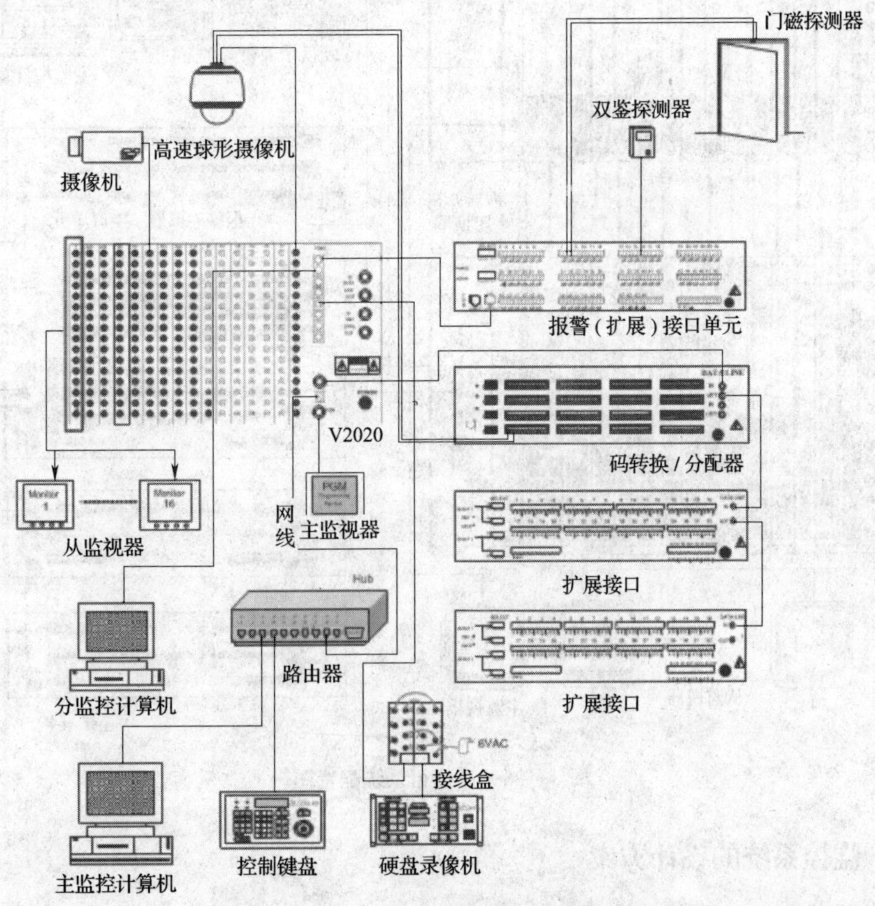

图 4—94　单机箱系统配置图

同样，一个报警接口单元最多可连接 64 路报警探测器，如果还不够用，扩展口最多可以级联 16 个，共可以实现 1 024 路报警输入。

主监视器上可以同时观察到多个监视画面（四分屏、九分屏、十六分屏等），而从监视器上某一时刻只能观察到一个监视画面。

分监控计算机只能对其中一个分区域进行监视和控制，主监控计算机安装在主控室，对整个监控系统进行监视和控制。

2. 双机箱系统

如图 4—95 所示，当摄像机（不带云台）的数量太多时，可以通过两个视频矩阵切换器级联的方式，扩展视频输入接口。

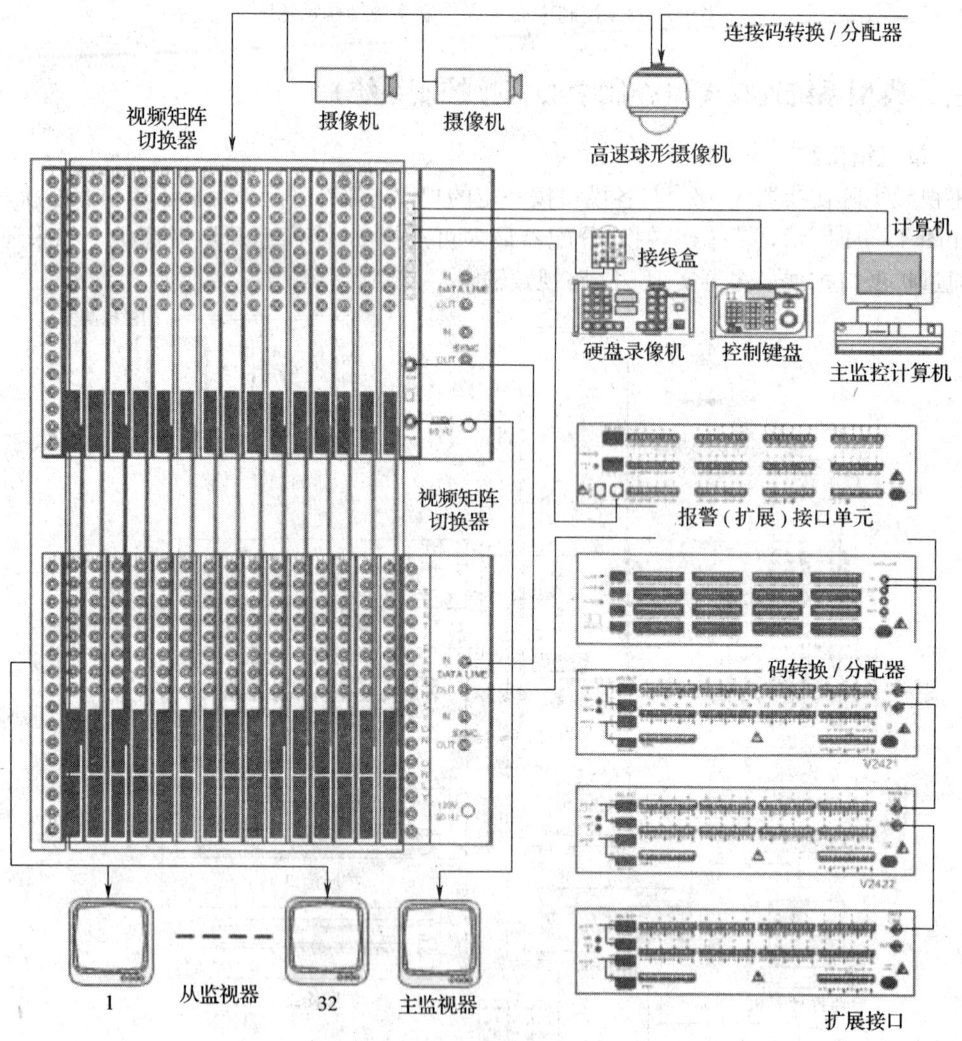

图 4—95　双机箱系统配置图

四、监控系统的设计方案

监控系统的设计方案一般应包括如下内容。

1. 概述。简述监控系统发展状况和用户单位的特点，做好用户需求分析。

2. 熟悉相关法规。

3. 设计系统框架（见图 4—96）。

4. 确定布点原则。例如，某学校监控的布点原则如下。

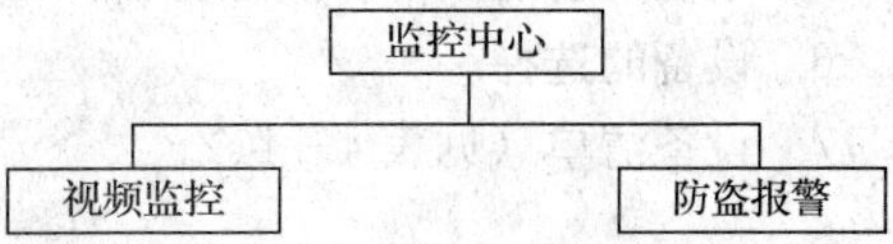

图 4—96 系统框架图

（1）教学楼和行政楼等一层各进出口设置摄像机。

（2）各个大楼一层各进出口或一二层楼梯转弯处设置双鉴探测器。

根据以上布点原则，该学校点位表如下（见表 4—9）。

表 4—9 **点位表**

分布点	位置	彩色半球形摄像机	低照度摄像机	双鉴探测器	主动红外探测器	彩色高速球形摄像机
行政楼						
一层	出入口处	4				
	报告厅					
二层	楼梯转口			2		
三层	网管中心	1		1		
	广播电视中心	1		1		
小计		6		4		
教学楼						
一层	出入口处	4				
二层	楼梯转口			4		
小计		4		4		
宿舍						
一层	出入口处	3				
	走廊			2		
二层	楼梯转口			2		
小计		3		4		
招待所						
一层	入口处	2				
二层	楼梯转口			2		
小计		2		2		
财务室		1		1		
电脑教室		1		1		
有线电视机房		1		1		
总计		18		17		

5. 系统的功能及工作过程分析。

6. 设备的选择。

7. 设备清单（见表 4—10）。

表 4—10 某学校监控系统设备清单

视频监控系统配置报价						
序号	器材名称	规格型号	品牌	数量	单价	金额
1	彩色半球形摄像机	SCC－523P	三星电子	19	1 242.00	23 598.00
2	数字式硬盘录像机	12 路	DIGINET	2	28 000.00	56 000.00
3	彩色显示器	763DF	三星电子	2	1 242.00	2 484.00
4	硬盘	120G	迈拓	4	918.00	3 672.00
5	通信转换器	RS232/RS485	合资	2	194.00	388.00
6	高速球形摄像机电源	AC24V/3A	国产	2	140.00	280.00
7	摄像机电源	12V	国产	7	100.00	700.00
合计						87 122.00
防盗系统配置报价						
序号	器材名称	规格型号	品牌	数量	单价	金额
1	报警/通信主机	DS7400XI	迪信	1	2 283.00	2 283.00
2	8 防区模块	DS7432	迪信	3	687.00	2 061.00
3	液晶键盘	DS7447	迪信	1	621.00	621.00
4	双鉴探测器	DS820I	迪信	18	221.00	3 978.00
5	警笛	ES626	合资	1	32.00	32.00
6	后备蓄电池	TOYO	合资	1	76.00	76.00
合计						9 051.00
线缆报价						
序号	器材名称	规格型号	品牌	数量	单价	金额
1	线材料	SYV－75－5	杭州	5 000	1.80	9 000.00
2		RVV4×0.5	杭州	7 000	1.50	10 500.00
3		RVVP2×1	杭州	2 500	1.30	3 250.00
合计						22 750.00
工程报价						
1	设备总计					118 923.00
2	安装调试费 10%					118 92.30
系统总价						130 815.30

技能训练

一、实训内容

设计校园安防监控系统。

二、实训器材

学校的教学楼、办公楼和实训楼。

三、实训步骤

1. 实地考察校园建筑并进行测量。

2. 编写校园安防监控系统设计方案。

内容包含：(1) 用户需求；(2) 系统的特点；(3) 系统的构架及功能；(4) 布点原则；(5) 设备清单。

3. 实训报告要求。

(1) 实验报告内容要完整、准确、清晰。

(2) 测量数据要正确全面。

(3) 设计思路清晰，设计内容准确，设计步骤完整。

(4) 布点合理，清单完整。

四、评分标准

内容	要求	配分	评分标准	扣分	得分
校园安防监控系统的设计	掌握测量技巧，正确绘制建筑物平面图	30分	正确绘制建筑物平面图获20分，测量设计合理获10分		
	正确编写设计报告书	30分	写出系统特点获10分，写出系统的构成和功能获10分，写出设计依据获10分		
	掌握布点方法，正确列出清单	40分	布点合理获15分，清单准确、完整获25分		